中国农业科学院农业信息研究所
国家新闻出版署农业融合出版知识挖掘与
知识服务重点实验室
中国工程科技知识中心

研究成果

工程科技大数据
智能知识服务发展报告
（2022 年）

赵瑞雪　郑建华　傅智杰　武丽丽　著

U0281359

電子工業出版社

Publishing House of Electronics Industry

北京 · BEIJING

内 容 简 介

本书概述了工程科技大数据智能知识服务相关的概念与内涵，基于文献计量学分析了该领域论文、专利文献的研究进展及研究热点与前沿，并对基于工程科技大数据智能的知识服务关键技术进行了阐述；基于计量分析结果，选取高发文量国家和地区（美国、英国、欧盟、日本、中国）进行了相关战略规划、主要项目实践与应用的调研，阐述了其在该领域的发展现状与趋势，并重点介绍了中国工程科技知识中心大数据智能知识服务方面的典型案例；归纳总结了国内外工程科技大数据智能知识服务的发展机遇与面临的挑战，并展望了其未来发展趋势。

本书可为知识服务业发展提供有益的借鉴和思考，对从事信息管理、信息服务、知识服务的行业企业、科研机构等更好地开展工程科技大数据智能知识服务研究与应用具有较高的参考价值。

图书在版编目（CIP）数据

工程科技大数据智能知识服务发展报告. 2022 年 / 赵瑞雪等著. —北京：电子工业出版社，2023.10

ISBN 978-7-121-46121-7

Ⅰ. ①工… Ⅱ. ①赵… Ⅲ. ①互联网络－应用－工程技术－知识管理－研究报告－世界－2022 Ⅳ. ①TB

中国国家版本馆 CIP 数据核字（2023）第 152719 号

责任编辑：徐蔷薇

印　　刷：三河市良远印务有限公司
装　　订：三河市良远印务有限公司
出版发行：电子工业出版社
　　　　　北京市海淀区万寿路 173 信箱　　邮编：100036
开　　本：720×1000　1/16　　印张：9.25　字数：178 千字
版　　次：2023 年 10 月第 1 版
印　　次：2023 年 10 月第 1 次印刷
定　　价：88.00 元

凡所购买电子工业出版社图书有缺损问题，请向购买书店调换。若书店售缺，请与本社发行部联系，联系及邮购电话：（010）88254888，88258888。

质量投诉请发邮件至 zlts@phei.com.cn，盗版侵权举报请发邮件至 dbqq@phei.com.cn。

本书咨询联系方式：xuqw@phei.com.cn。

《工程科技大数据智能知识服务发展报告（2022 年）》

编委会

序

随着大数据、云计算、人工智能等新一代信息技术的飞速发展，数据已成为国家基础性战略资源和关键性生产要素，知识经济时代已经到来。融合大数据、人工智能等技术的知识服务研究已成为热点，推动着知识服务向智能化、便捷化、个性化与多样化发展、转型、升级。同时，在数据密集型科研环境下，知识服务作为增值高、消耗少的新型高端服务业态，已成为美国等科技发达国家的主导产业和经济增长点。

《中共中央关于制定国民经济和社会发展第十四个五年规划和二〇三五年远景目标的建议》中明确提出"要构建国家科研论文和科技信息高端交流平台"的重要任务。这是强化国家战略科技力量的重要举措之一，对于促进科研成果的广泛传播与利用，以及提升科研活动的信息保障服务水平，均具有重要意义。知识服务作为科研论文和科技信息高端交流平台的主要内容之一，正随着数字技术和科研环境的变化经历着深刻的发展和变革。因此，亟须借鉴国际上主流重要学术交流平台的知识服务经验和模式，把握知识服务关键技术等发展趋势，以提升高端交流平台建设的整体效能。

为此，中国工程院承担了中国工程科技知识中心建设项目，旨在建设国家工程科技领域公益性、开放式的知识资源集成和服务平台。该项目联合国家各部委的情报研究机构、行业信息中心、相关高校和大型企业等机构，研发了工程科技知识服务系列产品，面向各类用户开展知识服务，为国家工程科技领域重大决策、重大工程科技活动、企业创新与人才培养等提供了信息支撑和知识服务，有效支撑了我国工程科技领域科研论文和科技信息高端交流平台的建设，助推我国工程科技事业高质量发展。

　　在中国工程科技知识中心及相关分中心的大力支持下，本书创作团队基于论文与专利文献，深入分析了国内外工程科技大数据智能知识服务研究现状与前沿热点，并广泛调研了国际工程科技知识服务业发达国家和地区的最新进展与项目实践。经过多次专题研讨与专家咨询，历经多番修改和完善，最终形成《工程科技大数据智能知识服务发展报告（2022 年）》。

　　本书主要包括概况、研究现状与热点分析、国际发展现状、中国发展现状、总结与展望五个部分。首先，对工程科技大数据智能知识服务相关概念和内涵进行了阐述；其次，基于文献计量分析对全球该领域论文和专利文献的研究概况进行了分析；再次，对高发文量国家和地区在该领域的战略规划及相关项目进展进行梳理，并从行业发展角度选取多个国内外典型的专业知识服务平台进行调研，用案例直观地展示其亮点功能与技术；最后，归纳、总结了国内外工程科技大数据智能知识服务发展机遇、面临的挑战，展望了其未来发展方向。

　　本书适用性和实用性强，可为从事信息服务、知识服务的行业企业、科研机构提供有益的借鉴和思考，为下一步知识服务发展方向提供参考，希望能为中国工程科技知识中心平台建设和国家工程科技发展，为提高各行业各领域信息支撑和知识服务水平，为提升全社会科技创新服务能力提供帮助。

中国工程院院士

2023 年 5 月

目　　录

第1章 概 况

工程科技大数据记载着科学真理验证过程、工程实验观测/研究结论、学术交流等知识线索，是新型技术用于科技创新发现和支撑技术产业发展的数据根基和知识基础。基于大数据智能的工程科技知识服务的核心是为用户提供解决方案和智能化决策服务。

当前，知识服务已经迎来其发展史上的第三个发展阶段——基于大数据智能的知识服务阶段，知识服务理论和技术取得快速发展。大数据治理、知识组织、大数据挖掘与分析、知识服务网络演化与优化理论等取得突破，极大地丰富了既有知识服务理论生态。同时，人工智能、云计算、"互联网+"等技术成为推动智能知识服务发展的战略性技术。

国际科技发达国家高度重视科技大数据建设与知识服务业发展，纷纷将科技大数据作为各国新一轮科技创新、科技竞争的重要战略资源，并通过国家政策和战略规划等引导和支持知识服务业发展，进而推动项目实践以塑造未来知识创新能力，提升国际竞争力。近年来，中国发布了诸多相关政策和战略纲要，政府、科研院所、高校、企业等积极投入相关项目的建设实践和应用中，助力科技大数据建设与智能知识服务取得长足发展。

未来，科技大数据的融合化与知识服务的智能化将是发展的必然趋势。面对泛在知识服务升级、核心技术研发、国家科技安全保障及融入全球科技协作体系等方面的挑战，科技大数据的深度融合与共享有望成为知识服务升级的新动能，跨领域知识图谱库研究建设将是知识组织与应用的新焦点，智能化工具与模型的开发将是突破知识服务技术瓶颈的新方法，而一体化融合知识服务平台将成为引领智能知识服务应用的新模式。

1.1 研究背景

随着大数据、人工智能、云计算等新兴技术的出现和精进，科学研究步入数据密集型第四范式，数据井喷式激增，为数据处理、存储、管理和知识服务模式、方法等带来新的冲击。当前，科学研究面临的最大问题，不是缺少数据，而是面对海量的数据，难以获取到有价值、高质量的知识。科学研究对数据、知识及先进工具和平台的需求更加迫切和专业，传统的信息服务模式和服务系统越来越无法满足新形势下用户的需求。

基于工程科技大数据对知识资源进行深入挖掘和重构，形成丰富化、细粒度化和语义化的知识体系，可以有效地促进研究前沿识别、颠覆性技术识别和技术交叉前沿发现等科技创新发现。因此，聚焦工程科技领域发展动态和前沿趋势，深入开展国际代表性国家工程科技领域大数据智能与知识服务现状调研，可为国家发展战略课题研究组织策划、智库发展、上层决策等提供启示和借鉴，对提升国家在该领域的创新能力具有极其重要的意义。

1.2 研究方法

本书采用定量分析与定性分析相结合的研究方法，主要用到文献调研法、专家咨询法和案例研究法。

1.2.1 文献调研法

本书研究前沿与热点部分采用文献计量分析法，以 Web of Science 核心合集数据库为文献来源，利用数学、统计学等计量研究方法，研究科技大数据智能知识服务相关文献的研究关键词分布结构、数量关系和变化规律；同时，借助 CiteSpace 信息可视化软件进行统计分析和可视化展现。

本书中，全球主要经济体工程科技大数据智能知识服务发展态势中发展战略与规划、主要项目实践与应用部分主要采用互联网资源调研法，根据既定目标使用网络搜索的方法，调研收集主要经济体在网络上发布的相关政策法规、机构门户及知识服务系统门户等信息，并进行分类分析总结。

通过对中国知网（CNKI）知识资源总库、维普期刊资源整合服务平台、万方数据知识服务平台和百度文库等进行相关文献调研，查阅系列论文、专著及资料；在文献调研及网络调查的基础上，采用背景分析、内容分析、归纳总结等方法对工程科技大数据智能知识服务研究发展概况、全球主要经济体相关发展态势与发展展望进行分类归纳整理。

1.2.2　专家咨询法

选择领域专家，通过组织会议、访谈、邮件发函的方式，发挥专家的集体智慧力量，为本书的篇幅结构与实现策略提出有益的意见和改进方法。通过对工程科技大数据智能知识服务领域各方面的专家进行多轮有效的调研与咨询，对专家意见进行有效整理、归纳、分析，利用领域内专家的经验与学识，借助不同专家的观点，保障书稿内容的有效性与可靠性。

1.2.3　案例研究法

本书选取了国内外较为成熟的工程科技大数据智能知识服务供给主体作为典型案例，对其提供的工程科技大数据内容、服务方式及平台建设等进行分析研究，为实证研究提供素材。借助国内外工程科技大数据智能知识服务的典型案例，系统地收集有关数据与资料，探讨所选领域工程科技大数据智能知识服务融合的发展状况、典型做法、实施模式及成效，分析其有效发展的成熟路径，对各领域案例进行详细的描述和系统的理解，以获得一个较全面与整体的认识。

1.3　相关概念

工程科技大数据资源作为工程科技研究过程所产生的数据形式，涉及论文、发明专利、科研人员、科研团队与机构、项目等众多类别。当前，工程科技大数据已成为一个国家和区域第一生产力和第一动力形成的基础性、战略性资源，极大地扩展了面向创新的知识服务范围。在实践中，明确工程科技大数据与知识服务的概念与内涵，对于推动工程科技大数据和智能知识服务融合发展具有极其重要的意义。

1.3.1　工程科技大数据

大数据又称巨量数据、海量数据，最早由麦肯锡咨询公司于 2010 年 10 月发布的《大数据：创新竞争和提高生产率的下一个新领域》研究报告中正式提出，泛指由数量巨大、结构复杂、类型众多的数据构成的数据集合[1]。工程科技大数据作为大数据的一种下位体概念形式，特指工程科技领域内的海量数据与复杂类型数据的集成。不同于一般意义上的网络及行业大数据，工程科技大数据一般具有海量性、高增长性、多样性、时效性、可变性、价值高等特征[2]。在大数据、云计算、人工智能、移动互联网和物联网等新兴信息技术深度融合的大背景下，工程科技大数据作为新的生产要素资源，支撑供给侧结构性改革、驱动创新发展和绿色发展的作用日益显现，正成为引领工程领域质量变革、效率变革、动力变革的第一动力。

究其本质，工程科技大数据作为区别于传统文献数据的数据集合，其内容主要包括工程科技领域内的成果数据、活动数据及各类资讯数据[3]。其中，成果数据主要包括工程科技领域内各学科所记录形成的数据、资料、文献、报告、网络科技报道等承载知识的数据；活动数据主要包括工程科技领域内的实体数据与知识关系数据，其中实体数据主要有科技项目、学术会议、科技团队、科技组织、科技人才、科技机构、科技奖项、科技主题、科技概念、研究设备、研究模型、研究方法等，而知识关系数据主要是语义关系及计量关系等数据；资讯数据是指网络或平面媒体每天发布的工程科技信息，这类信息具有及时、权威及互动性较好的特点。

工程科技大数据可以将数据分析和整合的结果应用于为工程科技研究提供决策支持，也可以将分析与建模的成果转化为具体的应用集成到各个业务流程中，为科研活动直接提供数据的支持[2]。从这个意义上来说，工程科技大数据已日益成为科研创新的"助推剂"与"支撑点"，其在这一过程中所发挥的作用主要体现在以下几个方面。

1. 面向工程科技大数据的知识资源已成为供给侧结构性改革的有力抓手

面向工程科技大数据的研究与应用能够解决科学决策、产业行业航标方向、学科发展规划布局及科技前沿研究等领域的相关问题。这意味着在实践中，工程科技大数据在知识资源的全面性、权威性、深度性和及时性方面已成为资源供给侧结构性改革的有力抓手。同时，工程科技大数据亦能助推科研管理的现代化，其作用主要表现在：工程科技大数据资源来源广泛且类型丰富，包括开放资源、商业资源、二次加工资源与知识计算资源等类型，其应用能够突破传统以"文献"为主的资源，实现"文献+资讯+专业数据集+科研实体"的知识资源供给，从而能够从不同层面、不同角度满足用户对数据资源的个性化需求。

2．工程科技大数据是支撑人工智能发展的核心知识资源体系

党的十九大报告提出，推动互联网、大数据、人工智能和实体经济深度融合。在我国全面实施国家大数据战略、构建数字经济、建设数字中国的大背景下，工程科技大数据作为核心知识资源，能够记录科学真理验证过程、实验观测/研究结论、网络交流等科技情报知识线索，利用自然语言处理和专家系统的工作基础，通过将其进行语义化和数据化，使之成为"人—机—物"三元计算的数据基础，而人工智能发展的核心之一是高质量、海量、可计算的数据，有效帮助机器更好地理解物联网和认知人类知识，特别是具有结构化、语义化与关联化的工程科技大数据资源则更加有利于人工智能算法模型的训练与生成[4]。

3．工程科技大数据是预防技术突袭与渠道科技成果转化的数据基础

科技成果作为科学研究与技术开发所产生的具有实用价值的成果，其转化在国家创新体系建设中具有重要战略意义。而工程科技大数据所蕴含的专利技术、前沿项目及科技论文等科学技术研究成果，目前已经成为科技创新、产业技术分析、企业转型升级、前沿技术预测预警的基础环节[1]。在科技成果转移转化的渠道流程中，工程科技大数据是承接上游企业与下游科研机构的关键环节。在科技情报的生成中，利用工程科技大数据计算推测出领域科学技术发展的重点机构、重点任务与发展趋势，对企业技术革新与科研机构科技成果的深入转化应用具有极其重要的意义。

1.3.2　大数据智能

大数据智能是指运用数据挖掘、深度学习、机器学习、可视化等技术形式，面向大数据进行分析、处理和加工，提炼出其中的信息和知识，并以易于理解的方式展现给用户，从而赋予大数据"智能"，为用户基于大数据的决策和预测提供客观、准确和科学的智能支持[5]。当前，随着战略性信息技术的飞速发展，人类社会正在步入大数据智能时代，国家层面上的"大数据""智能+"和"新基建"等战略的实施，推动了大数据智能在金融、交通、医疗、商业等多个社会领域的融合发展，使其成为面向新兴决策的重要知识来源，极大地提升了决策与预测的效率和稳定性。

在实践中，由于各方需求的差异，大数据智能的本质也呈现出多维性：就技术而言，大数据智能是人工智能与大数据的融合，其能够搭建相关模型来探索解决方案，实现面向事物与现象的预测；而从管理的角度而言，大数据智能的本质则是服务于决策，即通过应用一系列预测性分析与处理技术提取大数据中有价值的信息和知识，支撑科学与高效的决策，从而提升面向复杂社会实践行为的管理能力[5]。由此可见，尽管大数据智能的本质在不同需求表达下表现出较大的差异化，但其作用的目标则具有同一性，即为主体决策提供相关信息和知识。"大数据+方法+计算能力+场景"已成为大数据智能形成的核心范式[6]。在这一范式中，大数据是基础，方法是思维方向（特指人工智能），计算能力是依托，场景则是需求表达的媒介。

在工程科技领域中，大数据智能的本质更多地体现为知识发现过程，即借助算法和特定的工具，解析工程科技大数据中的结构化和非结构化信息，从中提炼出新的知识，以支撑工程科技领域的创新与决策[7]。在这一过程中，大数据智能所发挥的作用主要体现在以下两个方面：

（1）驱动式知识发现，即依托各类算法对数据的分析，产生并揭示新的知识，从而在工程科技领域拓宽知识发现的前景，同时也促进数据挖掘、分析和加工等各项技术的变革，驱动大数据在工程科技各学科中的跨界扩展。

（2）融通式知识发现，即基于大数据的智能化知识整合。在这一范畴下，工程科技领域中的原有知识能够更加灵活地进行整合，形成新的知识，极大地扩展了工程科技中各学科的交融与扩展，推进了跨学科知识的交叉、融合与管理。

1.3.3 基于工程科技大数据智能的知识服务

知识服务作为大数据时代突破"信息过载"和"知识饥渴"壁垒的新型服务

形式，其能够应用人工智能等先进信息技术和各领域所储备的专业知识资源，根据不同的需求提供知识产品和相应的解决方案，以支撑用户的决策，解决用户的问题。知识服务的概念最早是美国专业图书馆协会（SLA）于 1997 年在其会刊 *Information Outlook* 上提出的[8]，这一概念体系指出知识服务的价值并不仅在于所提供的信息资源的数量，更多地体现在服务所蕴含的知识量。此后，国内外学者从不同的角度探索并界定了知识服务的概念与内涵。目前，尽管学术界对知识服务的认识还存在分歧，所提出的各种定义侧重点各异，但对其实质的探讨则在3 个方面基本达成了共识：一是知识服务的基础来源于服务人员的知识储备；二是知识服务的目标在于应用信息、知识或产品提供解决方案，以辅助解决用户的实际问题；三是知识服务的价值取向源于问题解决的价值效益[9]。

在工程科技领域，由于所涉及的学科众多，各类问题与环境繁杂，因而在这一领域中知识服务的本质呈现出一种连续性、多层次的状态，即知识服务能够贯穿工程科技创新的全过程，并根据不同阶段所涉及的知识资源不同而分为不同的层次[10]。这意味着，工程科技领域的知识服务只有在某些特殊的层次上才具有个性化和专业化的内涵，而对于一些共性的问题则需依靠标准化和通用化的解决方案，从而达到服务节本增效的目标。此外，通过应用工程科技大数据所提供的丰富信息资源，知识服务还能够借助先进的信息分析、挖掘、重构和检索技术，深度融合大数据智能，有针对性地开展知识资源和相关性关系的探索，提供导向性的服务，辅助用户解决问题，以满足用户的知识需求[11]，从而进一步激发科研人员的创新性思维。在这一过程中，基于工程科技大数据智能的知识服务所展现的新内涵主要体现在以下几个方面。

1. 集成化与集约化融合的服务形式

面向工程科技大数据智能的知识服务能够借助各类分布式信息资源和先进的信息技术，将知识服务专家、研究人员及各类知识理论和经验融合为一体，形成主体间条理清晰、关系纵横的学术网络，充分发挥各学科间资源、人员、服务和系统的整体优势，以集成化和集约化融合的服务形式解决传统方式无法面对的问题，以实现高效服务的目标。

2．资源密集型的服务样式

面向工程科技大数据智能的知识服务本质上是一种基于知识内容的服务，其价值更多体现在知识服务所供给产品所蕴含的知识"浓度"，即知识量与知识内容的深度。这意味着在工程科技大数据体系下的知识服务更加注重挖掘、萃取、集成和分析知识资源内在的价值，以资源优势为基础，精准地为用户提供解决方案，提升用户对知识的获取、利用和创新能力，并以此强化知识服务的价值。

3．以过程性为主的服务特性

面向工程科技大数据智能的知识服务所蕴含的过程性主要有两个层次的含义：一是知识服务能够辅助科研人员开展面向知识资源的获取、吸收、应用和再创新等系列活动，并依据实际需求将这一过程反复迭代，调整和优化其所提供的各类产品和方案，以满足科研人员的创新需求；二是知识服务可以融入科研人员创新的整个过程，高效捕捉科研创新不同阶段的知识需求，实现"融入环境，嵌入过程"的目标。

1.4 研究目标

本书旨在通过对目前工程科技大数据智能知识服务的研究概况、国际发展现状进行深入调研，发现工程科技大数据智能知识服务发展面临的问题与挑战，通过对文献分析与案例调研的综合研判，对其未来发展的机遇和趋势进行预测，为知识服务业发展、上层决策、产品研发等提供参考和借鉴。为了解工程科技大数据智能知识服务理论前沿，首先基于学术论文与专利文献对工程科技大数据、大数据智能与知识服务等相关的国内外研究现状进行全方位、多维度的分析，明确其研究前沿与热点及关键技术。其次，基于文献调研分析结果，选取美国、欧盟、英国、日本及中国展开相关的战略规划调研和主要的项目实践案例分析，对各国家和地区相关政策，以及知识服务产品采用的关键技术、模式及服务成效进行总结和提炼，以期为我国工程科技知识服务业发展提供行业性指导。再次，基于文献计量分析与案例调研结果，采用定性分析和定量分析相结合的方法，对全球工程科技大数据智能知识服务发展进行综合分析和研判。最后，阐述了工程科技大数据智能知识服务的未来发展机遇及面临的问题与挑战，对其发展趋势进行预测，以期能够为上层决策的制定提供一定参考。

1.5　研究框架

本书共 5 章，框架结构如图 1-1 所示，内容组织如下：

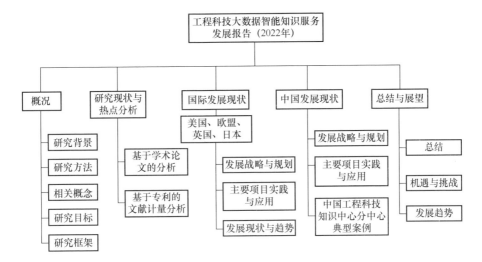

图 1-1　本书框架结构

（1）第 1 章是概况，主要对研究背景、研究方法、相关概念、研究目标及研究框架进行了简单介绍。

（2）第 2 章是研究现状与热点分析，主要基于学术论文和专利文献数据，采用文献计量学分析方法对工程科技大数据智能知识服务的发文情况和专利申请状况进行计量学分析，并对研究前沿与热点进行可视化分析；同时，根据文献计量分析结果，对工程科技大数据智能知识服务关键技术进行分析。

（3）第 3 章是工程科技大数据智能知识服务国际发展现状分析，主要选择美国、欧盟、英国、日本等发文量和专利申请量等较高的国家和地区，对其在工程科技大数据智能知识服务方面相关的发展战略与规划、主要项目实践与应用，以及发展现状与趋势等进行深度调研和分析。

（4）第4章是中国工程科技大数据智能知识服务发展现状分析，主要调研分析了中国相关的发展战略与规划、主要项目实践与应用，以及中国工程科技知识中心分中心的典型案例。

（5）第5章是总结与展望，基于文献计量分析与国内外调研分析，对国内外工程科技大数据智能知识服务发展现状进行了总结，并对未来发展机遇、面临的问题与挑战及发展趋势进行了概述。

参 考 文 献

[1] 毛忠安，马卫鹏. 土地工程大数据概念、特征及在土地工程领域的应用[J]. 西部大开发（土地开发工程研究），2016（5）：1-5.

[2] 苏健，刘合. 石油工程大数据应用的挑战与发展[J]. 中国石油大学学报（社会科学版），2020，36（3）：1-6.

[3] 余璟，杨玥，刘珺敏，等. 我国工程大数据应用现状及发展影响因素研究[J]. 科技创新与应用，2022，12（19）：18-23.

[4] 马花月，卫慧，张诗媛，等. 大数据技术在智慧工程中的研究和应用[J]. 水利规划与设计，2021（10）：49-53.

[5] 韩宁，张露馨. 大数据智能技术深度介入经济领域应用研究[J]. 内蒙古煤炭经济，2021（9）：155-156.

[6] 宋轩，高云君，李勇，等. 空间数据智能：概念、技术与挑战[J]. 计算机研究与发展，2022，59（2）：255-263.

[7] 卢滢. 大数据技术在智慧工程中的应用[J]. 电子技术与软件工程，2022（2）：208-211.

[8] 熊莉君，连书勤，张灿. "5G+人工智能"的大数据知识服务体系构建研究[J]. 图书馆理论与实践，2022（3）：58-63，85.

[9] 李晓敏. 论大数据、人工智能新技术背景下图书馆知识服务创新[J]. 数字通信世界，2020（11）：141-142.

[10] 文晓琴. 大数据、人工智能新技术背景下图书馆知识服务创新[J]. 科技传播，2021，13（11）：136-138.

[11] 张瑜. 大数据环境下大型科研院所基于人工智能的档案知识服务应用研究[J]. 机电兵船档案，2020（6）：58-60.

第 2 章　研究现状与热点分析

大数据已成为继土地、劳动力、资本、技术之后最为活跃的生产要素，被誉为"21 世纪的钻石矿"，是国家发展战略性、基础性资源，也是新时期面向数据智能的知识服务的重要依托。为此，本章应用 Web of Science 核心合集数据库和万象云专利数据库所收录的数据，探寻大数据智能领域，特别是工程科技大数据智能领域中的知识服务研究的发展趋势和前沿热点，并从数据生命周期的角度，辨析各个阶段支撑大数据与知识服务运行的关键技术的功能与发展状况，以期从技术与服务的视角，对面向工程科技大数据智能的知识服务研究与发展状况进行全面展示。

2.1　基于学术论文的分析

目前，工程科技大数据作为一种新兴的大数据形态，已经成为学术界研究和关注的重点。在实践中，工程科技大数据与知识服务融合形成的智能知识服务体系已成为图书情报领域重要的研究方向和服务生态系统的核心环节，这意味着基于工程科技大数据智能的知识服务既是新时期学科咨询服务的新模式之一，同时也成为大数据时代知识服务体系中的重要方式和手段。工程科技大数据智能知识服务的发展一方面能够为现有知识服务提供丰富的数据资源，另一方面也在数据导向的资源、技术、思维和协作等方面引发了众多新的机遇与挑战。因此，系统梳理工程科技大数据与知识服务融合的相关研究脉络，展望其发展趋势，对于深化智能知识服务研究与实践具有极其重要的意义。

基于此目标，本章以 Web of Science 核心合集数据库中的学术论文为数据来源，以工程科技大数据智能知识服务为主题制定检索策略（检索策略详情见附录 A），文献类型限制为"Article""Proceeding Paper""Review Article""Early Access"，时间限定为 2021 年 12 月 31 日之前，检索得到学术论文 30431 篇，其中每篇论文中包含作者、国别、题目、发表年份、出版物、关键词、摘要等数据。基于这些学术论文的相关信息，应用文献计量的相关理论和工具对基于工程科技大数据智能的知识服务研究进展与热点趋势进行梳理和分析，从中得到以下结论。

2.1.1　总体研究历程呈现稳步上升的发展态势

随着知识经济的到来，以智力资源和知识为主导的生产与配置模式逐步替代了传统工业社会的以物质产品生产为主导的生产状态。在这一过程中，知识作为最为重要的资源形式，发挥了极其重要的作用，这意味着现代经济的发展水平与发展速度直接决定于社会对知识创造和运用的能力，经济与社会的需求直接催生"知识服务"理论与实践的产生。随着信息技术的飞速发展和知识经济的到来，知识服务的研究已受到学术界的广泛重视，尤其是大数据与知识服务融合研究更是知识服务相关领域的热点，近年来发展迅猛，涌现出了很多成果，进而推动了知识服务理念与技术发展及革新。

科学文献的发文量和研究主题时序变迁能够反映研究领域受关注程度与发展演变，而就工程科技领域而言，探索其中大数据智能的知识服务的发展状况与脉络，对于掌握工程科技全行业的发展状况具有极其重要的意义。为此，基于上述收集的目标文献进行研究主题与发文量时间线分析，统计全球工程科技领域基于大数据智能的知识服务研究的变化趋势，所得结果如图 2-1 和图 2-2 所示。

由图 2-2 和相关数据的分析结果可知，工程科技大数据智能知识服务领域最早的研究始于 1995 年，该年内共有 141 篇有关该领域的研究论文发表。在此之后年度发文量整体上呈现出稳步上升的态势，研究主题所涉及的范围也逐年扩展，这说明工程科技领域的智能知识服务受到学术界众多学者的广泛关注，研究范围与学术影响力不断扩大，大数据智能作为知识服务所依托的基本要素之一，也得到了全球大多数学者的认可。综观全球基于工程科技大数据的知识服务整体研究历程，主要可以分为以下 3 个阶段。

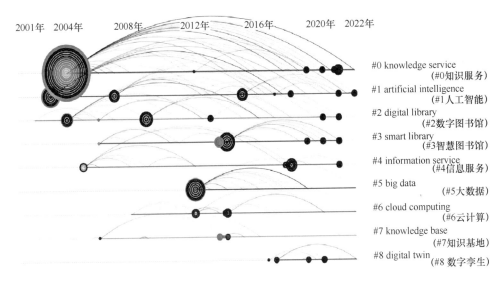

图 2-1　全球工程大数据智能知识服务研究主题时间线演变图

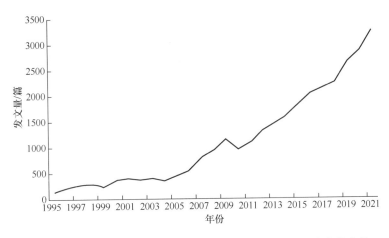

图 2-2　全球工程科技大数据智能知识服务研究发文量年度变化趋势

（1）初始阶段（20 世纪 90 年代至 2004 年）。在此阶段，由于在工程科技领域，大数据理念和技术还处于初创阶段，大数据的方法体系还没有被完全建立起来，工程科技大数据与知识服务融合的研究处于起步状态，年度整体发文量在 500 篇以下，处于一个较低的水平。同时，其研究主题所涉范围较窄，在研究主题时间线演变图（图 2-1）中的此阶段（2004 年之前）几乎没有节点团，说明此时间区间内研究领域规模不大。在研究内容方面，此阶段研究侧重点在于根据工程科技学科领域的不同需求辨析基于海量数据的知识服务的概念和应用范围，并尝试和倡导以数据为基础的知识服务活动的开展。相关研究主题多偏重工程科技领域内知识服务概念辨析与初步实践方式的探索，所得到成果主要集中在 3 个方面：一是在不同应用领域内开展面向数据的知识服务活动的相关做法和经验；二是基于海量数据的知识服务概念与理论的辨析；三是探索数据驱动型知识服务与传统知识服务的关联与区别。这一阶段以"1997 年美国专业图书馆协会（SLA）在其会刊上推出知识服务概念"和"2004 年作为大数据应用重要环境的 Web2.0 和 Facebook 等社交媒体的出现"为标志性事件。

（2）成长阶段（2005 年至 2012 年）。在这一阶段，随着大数据理念及其分析方法体系的确立，工程科技大数据智能知识服务研究迈入了一个快速成长的阶段，学术论文的发文量明显增加，尽管其中个别年份发文量有下降，但总体保持较快的增长态势，其年度发文量在 450～1300 篇。其研究主题数量明显扩展，研究内容与层次的集中度也显著增强，在研究主题时间线演变图（图 2-1）中表现为出现数个较大的紧密节点团。具体而言，相较于初始阶段，此阶段的研究成果不仅仅局限于概念的辨析与经验的总结，更多的是从战略层面和技术层面研究和探讨大数据与知识服务的融合，全面展示和构建数据驱动型知识服务的概念体系、学科应用、服务模式、技术体系等方面的研究，呈现出 4 类研究特点：一是对基于工程科技大数据的知识服务理论体系的探索更加深入；二是大数据与知识服务融合模式的研究已扩展到工程科技的更多学科领域中；三是工程科技领域内数据驱动型知识服务的应用范围显著扩大；四是面向工程科技大数据的知识服务技术创新更为多元化。此阶段以"2005 年对工程科技领域大数据存储应用具有重要意义的 Hadoop 开源框架提出"和"2012 年美国政府投资 2 亿美元启动'大数据研究和发展计划'"为标志性事件。

（3）快速发展阶段（2013 年至今）。该阶段以"2013 年知识图谱大规模应用"为标志性事件，在这一过程中，由于大数据各项技术的成熟和广泛应用，学术界对大数据与知识服务融合的研究也进入了快速发展阶段，年度发文量急剧提升，年均发文量超过 2200 篇。相较于前一阶段，本阶段研究主题的扩张效应更加明显，在研究主题时间线演变图（图 2-1）中表现为出现大量规模较小且分散的节点，说明此阶段研究主题在原有基础上不断衍生和扩展，研究内容范围大幅增加，而其研究模式与成果则呈现出相对成熟和稳定的发展态势。具体而言，这一阶段的研究进展和成果主要体现在 3 个方面：一是在理论层面，本阶段针对概念与理论体系的研究已较为成熟和完备，已形成一系列有代表性和有深度的理论体系，如大数据环境下知识服务网络理论、知识服务网络演化理论、知识服务过程与优化理论、知识服务能力构建理论等，极大地丰富了既有知识服务理论生态，有力地推动了传统信息服务向智能知识服务的转变。二是在主题层面，本阶段的研究主题与热点体系已基本成熟，主要包括：①基于大数据的知识服务关键要素，如资源、政策、人员、设施等；②数据驱动型知识服务模式研究，如"互联网+"、智慧服务、大数据分析等；③平台建设技术研究，如企业应用平台、学科服务平台、科研协作平台等构建技术；④新型信息技术引领方式研究，即云计算、人工智能、"互联网+"等技术应用于新型知识服务的方式研究。三是在研究方法上，在本阶段更多的定量分析、模型应用等方法开始出现在研究过程中，实证研究、博弈研究、扎根理论、案例分析、系统动力学模型、结构方程模型等规范化研究方法及多方法复合的研究模式已广泛应用于智能知识服务研究领域，使智能知识服务研究体系更为完备，研究成果更准确。

2.1.2　发文机构与国家分布"头部"效应日益明显

基于所获取的研究论文数据，以第一作者的国家和机构作为论文的归属依据，分析全球基于工程科技大数据智能知识服务领域的发文分布状况，得到的统计结果如图 2-3 和表 2-1 所示。

就学术论文发文国家分布而言，中国（6844 篇）、美国（6398 篇）和英国（2104篇）居前 3 位，此外，德国等欧盟国家，以及日本、韩国及印度等发达国家和新兴经济体国家发文量也较多，这些国家也是全球大数据、人工智能和知识服务理论与技术研究与应用最为活跃的区域。就总发文量而言，中国、美国、英国这 3 个排名前 3 位的国家的发文量占排名前 20 位的国家总发文量的比例高达 51.3%，呈现出很强的"头部"效应，充分说明了近年来世界范围内工程科技大数据智能知识服务领域的研究呈现出向特定国家和地区集聚的态势，相关学术研究合作网络的地域化集中趋势日益明显。而在论文发文机构分布方面，这种"头部"集聚效应更加明显，表 2-1 的统计数据表明，在全球发文量排名前 20 位的机构中，中国机构的总发文量占比为 31.4%，美国机构的总发文量占比更是高达 40.1%，工程科技大数据智能知识服务领域的学术论文的发文机构集中度呈现出持续增强的态势。

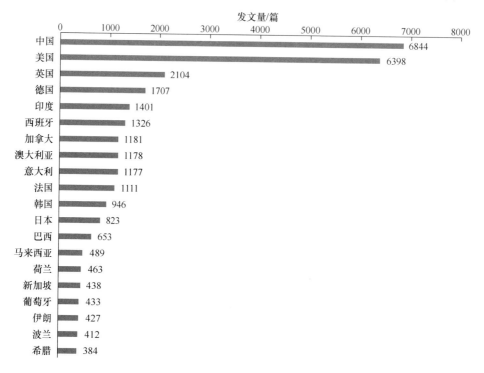

图 2-3　工程科技大数据智能知识服务领域发文量排名前 20 位的国家

表 2-1　工程科技大数据智能知识服务领域发文量排名前 20 位的机构

序　　号	机 构 名 称	发文量/篇
1	中国科学院	342
2	乌迪策法国研究学院	285
3	法国国家科学研究中心	282
4	香港理工大学	272
5	加利福尼亚大学	260
6	佛罗里达州立大学	241
7	清华大学	240
8	普渡研究联盟	234
9	普渡大学	227
10	得克萨斯大学	222
11	宾夕法尼亚联邦高等教育联盟	219

（续表）

序　号	机 构 名 称	发文量/篇
12	普渡大学西拉法叶分校	208
13	北京邮电大学	201
14	佐治亚大学	195
15	印度理工学院	192
16	上海交通大学	185
17	南洋理工大学	179
18	南洋理工大学国立新加坡教育研究院	179
19	浙江大学	174
20	代尔夫特理工大学	168

2.1.3　研究主题的融合趋势持续增强

基于所收集的工程科技大数据智能知识服务领域的研究论文数据进行发文期刊/论文集来源分析，所得到的分析结果如表 2-2 所示。

表 2-2　工程科技大数据智能知识服务领域发文量排名前 20 位的期刊/论文集

序　号	期刊/论文集名称	发文量/篇
1	*IEEE Access*	1048
2	*Expert Systems with Applications*	861
3	*ASEE Annual Conference & Exposition*	517
4	《建筑工程管理学报》	343
5	《传感器》	343
6	《国际工程教育》	299
7	《教育前沿会议》	288
8	《巴塞尔应用科学》	279
9	*The Journal of Cleaner Production*	234
10	《国际生产研究》	211
11	*Procedia CIRP*	211
12	《自动化建设》	194
13	*Proceedings of SPIE*	167
14	*Applied Mechanics and Materials*	160
15	*IEEE Internet of Things Journal*	159
16	《工程管理》	157

（续表）

序　号	期刊/论文集名称	发文量/篇
17	*2011 ASEE Annual Conference & Exposition*	145
18	*2012 ASEE Annual Conference*	138
19	《高级工程信息学》	130
20	*Environment Modelling & Software*	130

就期刊/论文集所涉及的领域而言，表 2-2 中所列期刊/论文集共涵盖了 148 个学科，在 Web of Science 学科分类体系中的占比高达 58.3%，学术论文来源期刊/论文集的跨学科融合的态势极为显著。具体来说，以发文量排名前 3 位的期刊/论文集 *IEEE Access*、*Expert Systems with Applications* 和 *ASEE Annual Conference & Exposition* 为例，*IEEE Access* 作为期刊引用报告分区中的计算机科学大类下的电信学专业学术期刊，是由 IEEE 出版的著名的开源期刊，其论文内容主题范围涵盖 IEEE 所有领域，多学科交叉性、融合性是该期刊/论文集的一个最为重要的特征；*Expert Systems with Applications* 作为计算机科学和人工智能领域的重要期刊，其论文主题更是涉及计算机与智能化技术研究与应用的各个学科和场景；而 *ASEE Annual Conference & Exposition* 作为知名的学会年度会议论文集，其中刊登了大量工程科技领域各学科研究进展的论文，论文主题范围涉及工程科技领域的各个方面，跨学科、多领域的论文在该论文集中占据主导地位。由此可见，在工程科技大数据智能知识服务领域发文量排名前 20 位的期刊/论文集中，由于开放科学理念发展和工程领域技术演进的需要，各期刊/论文集论文主题跨领域和多学科融合的特性已成型，从而进一步阐释了工程科技领域各项研究主题多学科与多领域的融合格局已成为当前和未来学术研究发展的重要趋势。

2.1.4　应用场景与技术的扩展正成为当前研究热点分布的一个重要特征

应用 VOSviewer 软件对 Web of Science 核心合集数据库收录的工程科技大数据智能知识服务领域相关文献进行关键词聚类分析，重点从研究主题的角度把握研究热点的整体发展脉络和方向，聚类分析结果如图 2-4 所示。

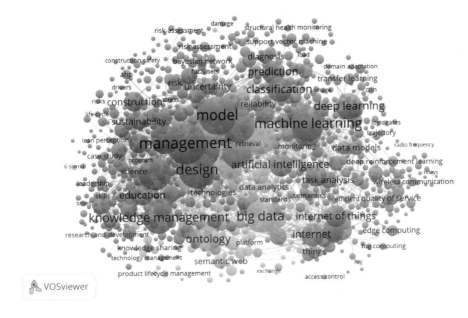

图 2-4　工程科技大数据智能知识服务领域相关文献的关键词聚类分析结果

由图 2-4 可知，工程科技大数据智能知识服务领域学术论文的研究主题的聚类大致可划分为 5 类，基本代表该领域 5 个主要的研究主题，其具体内容如下。

1. 工程科技领域的知识管理相关影响因素

该聚类主题（见图 2-4 中左下方节点团块）所涉及的研究包括个案分析、实施的阻碍与风险、关键成功因素、前景分析、新产业的发展、工程教育的可持续性等。包含关键词：knowledge management、design、sustainability、case study、new product development、engineering design、innovation、knowledge sharing、integration、industry 等。例如，Elia 等[1]于 2020 年提出在更广阔的工业工程领域内，管理工程已成为整合技术和知识管理的新视角，讨论了在当前社会技术情景中整合管理和工程知识的框架。具体而言，知识管理相关影响因素的聚类研究主题分为两个方向：一是建筑行业的知识服务，建筑行业在建筑物的整个生命周期中都会产生大量数据，知识服务可以在建筑实施的多个过程中发挥作用，主要以建筑信息模型和场外施工相结合的形式进行应用[2]。相关服务内容主要包括确定施工延误的原因[3]、项目审查文件分析[4]、建筑诉讼决策支持系统[5]、建筑物结构损伤预测[6]、工人和重型机械对施工安全的影响分析[7]、建筑项目的成本和质量控制[8]等。将先进的智能计算技术与主流建筑系统相结合，能够在舒适度最大化和能源最小化之间取得平衡，通过预测分析优化建筑的整体性能。二是制造行业中有关产品生命周期管理的知识服务，通过网络物理系统实现物理和虚拟世界的融合，实现产品生命周期开始、生命周期中及生命周期结束的管理，目标是提高产品设计、生产和服务过程中的智能化和效率[9]。

2. 专家系统在各类学科决策场景下的应用范畴

该聚类主题（见图 2-4 中上中部节点团块）所涉及的研究内容包括水质控制、废物管理、气候变化、状态监测、癌症诊断、疾病预测等热点问题。包含关键词：decision-making、data-driven、diagnosis、prediction、classification、uncertainty、reliability、damage detection、identification、risk management 等。例如，Sandoval 等[10]构建了景观植物病虫害的专家诊断系统，以此帮助非专家用户早期诊断并及时治疗。具体而言，"专家系统在各类学科决策场景下的应用范畴"的聚类研究主题分为两个研究方向：一是可持续农业，机器学习在农业供应链中的应用是当前的热点问题[11]。物联网、区块链和大数据技术是可持续农业供应链的潜在推动力，这些技术正在推动农业供应链走向数据驱动的数字供应链环境[12]。颠覆性信息和通信技术与农业科学的结合是达到生产力和产量提高、水资源保护、确保土壤质量及加强环境管理的关键，从而确保未来粮食安全、食品安全和生态可持续性[13]。二是医学领域的疾病辅助诊断，如基于心电图信号、实验室检查结果和体格检查诊断，通过混合机器学习算法建立心脏病预测模型[14]。除重点慢性病诊断的决策支持外，COVID-19 在数据检索时间范围内于 2020 年、2021 年是热点研究问题，如预测新感染病例数[15]、早期诊断 COVID-19 患者[16]、COVID-19 疫苗的自动推理计算[17]。

3. 机器学习相关模型深度应用于各类资源配置

该聚类主题（见图 2-4 中右侧中下部节点团块）所涉及的研究内容包括提高能源分配与能源利用效率、公共交通治理、智慧城市建设与城市规划问题。包含关键词：machine learning、data models、power allocation、internet of things、task analysis、optimization、resource management、public transportation、quality of service、energy efficiency 等。例如，Chen 等[3]介绍了智慧城市中基于深度学习技术的网络安全应用和用例，并指出信息泄露和恶意网络攻击等网络安全隐患是值得关注的领域。具体而言，"机器学习相关模型深度应用于各类资源配置"的聚类研究主题分为两个研究方向：一是车联网环境下的多维资源管理，如将边缘计算范式用于为车联网中的大规模实时服务，以提供低延迟通信资源和基于 5G 车联网的联合计算有效分配网络资源[18]。二是城市废物和能源管理[6]。以适当的建筑废物回收机制作为补救措施，可以使有限的资源免于恶化，这可以通过系统地将建设项目分配给建筑废物回收设施来保证。基于集成模拟优化方法的新型简单启发式方法能够精确地将产生的建筑废物分配到回收设施。在能源调度方面，基于区块链的预测能源交易平台能够为分布式能源资源提供实时支持、日前控制和发电调度。

4．知识组织理论在网络服务中的作用

该聚类主题（见图 2-4 中下部节点团块）所涉及的研究内容包括推荐系统、信息检索、产品大批量定制、社交媒体、电子健康记录等。包含关键词：big data、ontology、semantic web、data mining、association rule、nature language processing、knowledge presentation、platform、interoperability、disaster management 等。例如，Mohanty 等[4]挖掘自然灾害期间社交媒体中的数据，为政策制定者、环境管理人员、应急管理人员和领域科学家推荐具有特定属性的推文，以便用于灾难不同阶段（如准备、响应和恢复）的研究。在推荐系统建设方面，推荐的准确性和隐私保护性能间的平衡是当前的研究热点[19]。

5．数据科学理论、计算机科学技术与工业 4.0 的深度融合的展望

该聚类主题（见图 2-4 中下方部分节点团块）所涉及的研究内容包含数字孪生技术、虚拟现实、区块链技术在未来智慧工厂、智能制造等复杂信息物理系统中的应用。包含关键词：augmented reality、blockchain technology、digital twin、fourth industrial revolution、challenges、virtual reality、smart factory、smart manufacturing、maturity model、intelligent manufacturing 等。例如，Choi 等[5]提出了一个基于云计算的数字孪生平台。该平台使用模拟和人工智能等分析技术进行预测，并通过使用虚拟现实或增强现实技术产生的直接经验来进行快速决策，从而实现控制物理工厂的目标。在工业 4.0 时代，制造过程中要求生产力和响应能力能在各种环境中实现自动化。对机器进行密切监控能够主动解决可能使生产系统停止或减慢的问题，从知识管理的角度来看，这一过程往往会产生大量的数据，

因此知识服务的目标是使用智能信息物理系统来处理各种复杂情况，并自动处理故障预测和规划维修工作[20]。

综观上述 5 类研究主题，这些研究主题的一个共同特征在于对应用场景与技术大幅扩展，这也代表了工程科技大数据智能知识服务研究领域热点发展的一个重要趋势，同时也从另一个角度证明了以学科融合为主要特征开放科学理念日益成为智能知识服务未来发展的重要基石。而就国内外基于工程科技大数据智能知识服务的研究热点差异而言，相对于国内学术界对技术与应用方式的关注，国外学术界更为关注服务表达、应用技术和创新度等要素，表现为关键词中宏观性、理论性词组的出现频次与聚类集中度较高。同时，就整体而言，近年来全球学术论文关键词中心度较小，这表明当前世界范围内基于工程科技大数据智能知识服务的研究主题广度大大增加，而相关热点变化趋势则呈现出较平稳态势。

2.1.5　服务导向的技术形式是当前技术研究的一个重要聚焦点

面向技术的研究和探索是工程科技大数据智能知识服务领域学术论文的一个重要方向。由于现有计量分析不能直接从学术论文中提取技术内容，故本书借助2.1.4 节论文主题分析的聚类结果，提取出与具体技术形式相关的关键词，出现次数排名前 10 位的关键词如表 2-3 所示。

表 2-3　技术导向排名前 10 位的关键词

排　　名	技术关键词	出现次数/次
1	机器学习（machine learning）	556
2	物联网（internet of things）	542
3	本体（ontology）	496
4	语义网络（semantic web）	487
5	自然语言处理（nature language processing）	482
6	知识呈现（knowledge presentation）	353
7	增强现实（augmented reality）	262
8	区块链技术（blockchain technology）	206
9	数字孪生（digital twin）	181
10	虚拟现实（virtual reality）	139

具体分析表 2-3 中的各项技术关键词可以发现，本体（ontology）、虚拟现实

（virtual reality）、区块链技术（blockchain technology）、增强现实（augmented reality）、数字孪生（digital twin）等严格意义上的服务导向的技术形式占比高达50%。其中，本体（ontology）在目标学术论文中出现的次数高居第 3 位，仅次于机器学习（machine learning）和物联网（internet of things）这类较为通用的技术形式，这充分表明知识服务关联的技术形式，是当前工程科技大数据智能知识服务领域学术论文技术研究的一个重要聚焦点。

就知识服务本身而言，其作为大数据智能应用与服务的高级阶段[21]，是在知识经济背景下提供智力支持服务和实现知识创新的有力工具。知识服务及其关键技术的发展与应用不但能够推动各类知识信息的收集、存储和传播，而且还可以有效地把握各类知识之间的相互关系、创造挖掘新的知识[22]。就工程科技大数据领域的知识服务而言，其关键技术继承了广义领域知识服务的各类技术范畴和分类维度，但由于其大数据智能和服务导向的属性使其还具有相对特殊性，所引发的相关技术形式除媒体检索、智能问答、智能决策支持等通用技术外，还包括长期预测[23]、形势分析[24]、生产指导[25]、监测预警[26]、个性化推荐[27]等较为特殊的技术表现方式，以最大限度地满足工程科技领域内基于大数据智能的知识服务的实际需要，推动整体服务水平持续提升。

系统梳理知识服务导向的相关技术的学术文献的研究脉络可知，这些知识服务的关键技术形式很早就已成为学术界关注的一个重点。具体而言，在工程科技领域的知识服务技术平台最早出现于 21 世纪初，以 E-Learning（Electronic Learning）模式为标志，随后经历了 M-Learning（Mobile Learning）阶段，发展到当前线上线下融合的智能知识服务阶段[28]。就知识服务技术范畴而言，其技术体系可分为前台技术、中台技术和后台技术[21]，其中：前台技术功能是适应用户需求，实现与用户的交互，主要包括场景化应用构建技术、专题构建技术、知识可视化技术及平台构建技术等；中台技术重在解决数据的关联计算，包括智能搜索技术、用户画像技术、知识挖掘技术、知识地图技术等；后台技术重在实现对数据资源的管理和对业务流程的支撑，包括知识标引技术、知识本体技术、知识抽取技术、知识关联技术等。知识服务技术体系与发展脉络如图 2-5 所示。

预期当前和今后很长时期内，知识服务导向的关键技术将会向着与新兴信息技术融合化的方向发展，这意味着以大数据智能为核心的知识服务关键技术将会密切融合当前日益成熟的云计算、人工智能、区块链、元宇宙、数字孪生等技术，在数字加密、电子契约、知识推介、知识融合、个性化服务等领域实现新的突破，构建集全域感知、万物互联、泛在计算、数据驱动、算法辅助决策等功能于一体的管理与服务支撑平台，使用户能够充分沉浸到知识服务的各类场景中，将各类知识服务内容充分呈现，力图以数字化的方式展现知识服务各过程的物理状态，从而颠覆传统知识服务场景与服务管理模式，进而为智能化知识服务的转型和升级提供技术支持和保障。

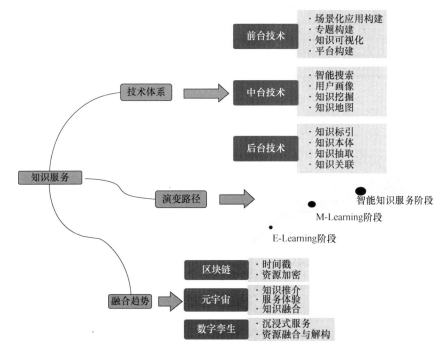

图 2-5　知识服务技术体系与发展脉络

2.2　基于专利的文献计量分析

专利文献作为工程科技领域技术研发和设计成果进展和动向的记录载体，对其进行文献计量分析能够厘清工程科技各相关领域的发展格局，揭示发展态势，因而对专利文献的分析对探索工程科技领域技术与研究状况具有极其重要的意义。为此，在本书中，选取了万象云专利数据库这一收录了 120 个国家和地区的专利文献并实现数据周度更新的专利文献资源平台作为计量分析数据源，专利文献检索对象限定时间为 2021 年 12 月 31 日之前，检索的具体策略见附录 A。所得到的检索结果在剔除未授权和无效专利之后，共计获取涉及 135218 件专利的 247071 篇专利文献。对这些专利文献进行系统的计量分析，可得到以下结论。

2.2.1　专利年度申请量在小幅震荡中总体上呈现出快速增长的态势

工程科技大数据智能知识服务领域的专利起始于 2000 年，第一件专利是由佛罗里达大学申请的用于监测由呼吸机提供的通气支持的系统和方法，所述呼吸机经由与患者的肺部流体连通的呼吸回路向患者供应呼吸气体，呼吸机支持监控系统利用可训练神经网络来确定呼吸机设置控制器的期望水平设置。在此之后，专利年度申请量逐年提升。具体而言，2000—2014 年之间专利年度申请量较少，年均专利年度申请量低于 4000 件。自 2015 年起，专利年度申请量大幅增加，至 2019 年达到峰值（27134 件），随后，2020 年和 2021 年的专利年度申请量有所下降，呈现出一定的波动态势（见图 2-6）。就专利年度申请量的总体趋势而言，相较学术论文，一方面，由于科学技术转化滞后性规律的作用，专利年度申请量的爆发期出现得较晚，呈现出较为明显的后延效应；另一方面，当专利年度申请量达到

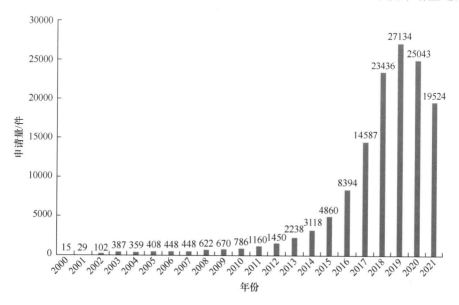

图 2-6　全球工程科技大数据智能知识服务领域专利年度申请量变化趋势

最高点时，出现了较为显著的数量波动状态，这也进一步证实了由于存在多种因素的制约和限制，相较学术论文，技术转化更容易受到影响。但就总体趋势而言，全球工程科技大数据智能知识服务专利年度申请量依然保持着稳步上升的发展态势，这与学术论文年度发文态势是一致的，也充分说明工程科技领域相关理论与技术研究整体活跃性较强，处于快速上升阶段。

2.2.2　专利申请国家/地区"一超多强"的格局已基本形成

基于研究样本分析所得到的专利申请国家/地区专利年度申请量与申请趋势如图 2-7、图 2-8 所示。

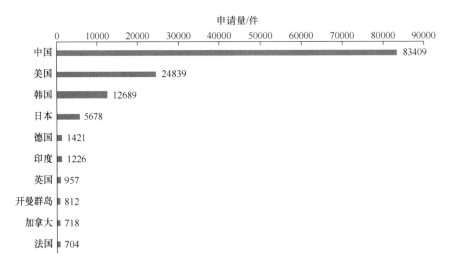

图 2-7　全球工程科技大数据智能知识服务领域专利年度申请量领先国家/地区

由图 2-7 和图 2-8 可知，目前，全球工程科技大数据智能知识服务领域专利申请集中在中国、美国、韩国、日本和欧洲。其中，中国位居世界第一，其申请总量高达 83409 件，占全球总量的 61.69%，遥遥领先其他国家，是全球专利申请国家/地区分布格局中的"超级大国"。美国、韩国、日本等国家次之，均在不同的领域中具有较强的科学与技术研发实力。整体上，全球专利申请国家/地区"一超多强"的发展格局已基本形成。就主要国家/地区申请趋势而言，中国和美国由于其对工程科技大数据智能知识服务领域相关技术关注程度较高，是当前技术与市场开发最为活跃的国家，其相关专利申请与技术研发力度将会持续增强，领先地位未来将会进一步强化；而随着韩国对工程科技大数据智能知识服务领域的重视程度逐渐提高，其专利年度申请量增长速度也不断加快，其专利强国的地位未来也将继续保持。总体而言，预期全球基于工程科技大数据智能知识服务领域的专利申请国家/地区分布格局将基本稳定，各专利国家/地区间的激烈竞争态势将更加显著。

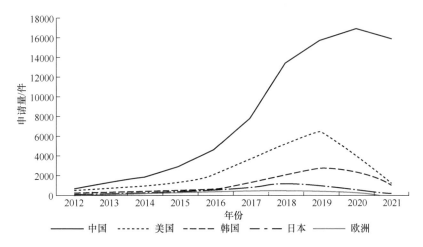

图 2-8　全球工程科技大数据智能知识服务领域主要国家/地区专利申请趋势

2.2.3　全球专利申请人申请量时间序列演变差异性较为显著

就工程科技大数据智能知识服务领域的专利申请人地域分布而言，全球排名前 20 位的专利申请人的申请量情况如表 2-4 所示。

表 2-4　全球排名前 20 位的专利申请人的申请量情况

序　　号	申　请　人	专利申请量/件
1	国际商业机器公司（IBM）	2477
2	腾讯科技（深圳）有限公司	1556
3	浙江大学	1183
4	电子科技大学	1139
5	微软	954
6	北京百度网讯科技有限公司	948
7	清华大学	905
8	谷歌	897
9	西安电子科技大学	834

（续表）

序　号	申 请 人	专利申请量/件
10	三星电子	816
11	北京航空航天大学	799
12	东南大学	778
13	南京邮电大学	678
14	乐金电子（中国）有限公司	666
15	华中科技大学	636
16	华南理工大学	633
17	重庆邮电大学	629
18	国家电网公司	583
19	亚马逊	578
20	支付宝（杭州）信息技术有限公司	578

　　由表 2-4 的分析可知，在全球排名前 20 位的申请人主要分布在中国、美国、韩国等国家。其中，中国的申请人数量占比最高，达到了 70%，所涉及的行业主要为互联网公司和综合类高校，如腾讯科技（深圳）有限公司（著名的互联网公司）和浙江大学（综合类高校）；美国次之，其申请人所在行业主要为信息服务企业（如 IBM、微软）和互联网企业（如谷歌）。

　　就专利申请人申请量时间序列分布而言，由于全球各国技术研发与应用程度不同，不同地域的专利年度申请量变化趋势也呈现出较大的差异。具体而言，以全球排名前 10 位的专利申请人的申请趋势为例（见图 2-9），尽管美国的 IBM 和韩国的三星电子于 2002 年已在大数据智能知识服务领域申请了专利，但在全球范围内，2014 年之前该领域的专利年度申请量处于低位。2015 年以后，随着大数据理念在美国的深入应用，IBM 最先进入申请活跃状态，其专利申请集中于 2016—2019 年，其中 2016 年申请了 269 件，2017 年申请了 466 件，2018 年申请了 483 件，2019 年达到了申请量的最高点（565 件），随后由于美国大数据技术迭代与研究力量的调整，IBM 相关专利的申请量开始进入下行通道；2019 年以后，中国大数据相关技术研发与应用进入活跃期，其专利申请人及申请量开始集中爆发，如腾讯科技（深圳）有限公司和电子科技大学的专利申请集中于 2019—2020 年，北京百度网讯科技有限公司的专利申请则集中于 2020—2021 年。由此可见，技术研发与应用的地域差异是造成专利申请人申请数量时间序列分布变化的重要因素，而预期未来，随着全球化程度的加深，地域间技术与理念融合的强化，这种申请量在时间序列分布上的差异态势将会有所改善，但并不会完全消除。

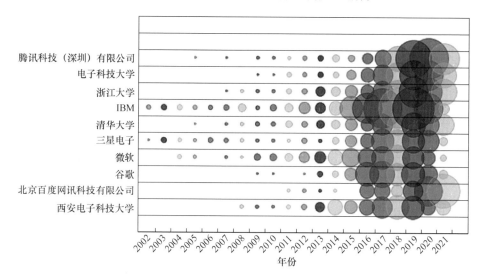

图 2-9　全球排名前 10 位的专利申请人的申请趋势

2.2.4　全球高被引专利所涉专业的集中度大幅提升

专利被引次数是体现专利价值的重要标准，被大量引用的专利对后来的发明创造具有重要的启示作用和极大的参考价值。由本书所涉及的专利文献研究对象所筛选出的高被引专利如表 2-5 所示。

表 2-5　工程科技大数据智能知识服务领域高被引专利

申　请　号	标　　题	申　请　人	申请年/年	被引次数/次
US201414218923	特征检测方法与系统	Zadeh Lotfi A 等	2014	1131
US20030358759	一种社会学数据挖掘的方法和装置	Charnock Elizabeth 等	2003	1073
US20111325085	基于上下文分析的虚拟辅助工具	Apple Inc.等	2011	852
US201213617568	基于检测沙盒与机器学习分类的汽车安全检测行为与静态分析	Titonis Theodora H 等	2012	811
US20030714929	用于指示人员或设备在特定于物理环境的站点中的存在或物理位置的系统和方法	Rappaport Theodore S 等	2003	750
US201213693747	智能电动汽车（EV）充电和并网装置及方法	Univ. California 等	2012	746

（续表）

申 请 号	标 题	申 请 人	申请年/年	被引次数/次
US201213712919	基于云计算与移动加密的跨系统融合平台	Heath Stephan	2012	694
US201313781303	Z-web 和 Z 因子在分析、搜索引擎、学习、识别、自然语言和其他实用程序中的应用	Tadayon Saied 等	2013	608
US20050129164	基于标志的人机交互	Honda Motor Co. Ltd.	2005	579
US201815919170	一种高效的图像和模式识别及人工智能平台的系统和方法	Z Advanced Computing Inc.	2018	560
US201313786287	人工智能代客泊车系统和方法	Florida A & M University	2013	537
US20060536601	个人数据挖掘	Microsoft Corp.	2006	525
US20040003055	自然语言处理的系统和方法	Bennett Ian M	2004	508
US201514929168	基于用户/用户实体行为分析的网络安全威胁检测	Splunk Inc.	2015	505
US20080239521	分布式拒绝服务识别和预防的系统和方法	Liu Lei	2008	495
US20040932836	面向自然语言歧义的自适应和可扩展方法	Chao Gerald Cheshun	2004	481
US20060601438	生物识别和生物力学数据收集和处理装置、系统和方法	Applied Technology Holdings Inc.	2006	473
US201313956252	基于大数据事件的安全威胁调查和动态检测	Splunk Inc.	2013	440
US20080041472	基于开放式网络服务的室内气候控制系统	Univ. Syracuse	2008	421
US201414569458	机器学习数据集的高效重复检测	亚马逊	2014	415

具体分析表 2-5 所示内容可知，一方面，在工程科技大数据智能知识服务领域内，高被引专利的申请人全部集中于美国的公司和高校，这充分表明了美国在大数据技术研发和知识服务应用领域处于全球领先地位。就时间序列分布而言，由于数量与时间累积效应，上述高被引专利申请年份分布区间为 2003 年至 2018 年，暂时还未出现近 3 年的专利，而在其内容分析中，无论是较老的专利（申请年为 2003 年的专利），还是较新的专利（申请年为 2018 年的专利），在被引次数层面上都能够展现出较强的先进性和创新性，因而受到了社会各界的广泛关注。

另一方面，从高被引专利所涉及的学科领域来看，由于当前信息技术与智能化技术应用深度和广度的持续增强，其学科领域所涉及的高被引专利的数量呈现出不断增加的趋势，如表 2-5 中所涉及的高被引专利的内容就涉及了信息技术与智能化技术等众多研究范畴，包括人工智能算法（专利号 US201414218923、US201815919170、US201313781303）、智能电动汽车相关算法（专利号US201313786287、US201213693747）和自然语言处理的方法（专利号US20040932836、US20040003055）等。由此可见，这种信息技术与智能技术领域高被引专利集聚的状况，进一步引发了当前高被引专利所涉学科领域向特定方向汇集的态势，而预期未来这种趋势将会更加显著。

2.2.5　全球高申请量专利技术类别紧密衔接数据采集、治理、组织和挖掘各环节

本书基于 1971 年签订的《国际专利分类斯特拉斯堡协定》编制的《国际专利分类号》（IPC 分类号），对专利所涉及的技术进行分类并分析，图 2-10 给出了全球排名前 10 位的专利技术构成图。

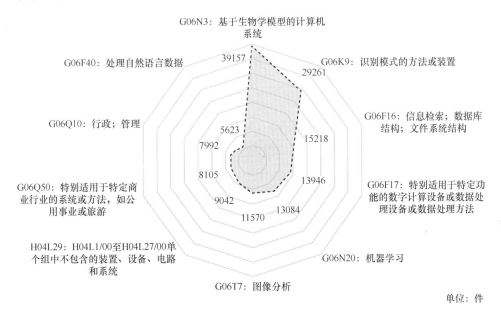

图 2-10　全球排名前 10 位的专利技术构成图

由图 2-10 可知，全球排名前 10 位的专利技术主要包括：①G06N3：基于生物学模型的计算机系统；②G06K9：识别模式的方法或装置；③G06F16：信息检索；数据库结构；文件系统结构；④G06F17：特别适用于特定功能的数字计算设备或数据处理设备或数据处理方法；⑤G06N20：机器学习；⑥G06T7：图像分析；⑦H04L29：H04L1/00 至 H04L27/00 单个组中不包含的装置、设备、电路和系统；⑧G06Q50：特别适用于特定商业行业的系统或方法，如公用事业或旅游；⑨G06Q10：行政；管理；⑩G06F40：处理自然语言数据。

综观上述 10 项专利技术类别，其相关技术范畴均可汇聚衔接于工程科技大数据智能知识服务领域中的"数据采集—数据治理—知识组织—计算挖掘"链条的某个或多个环节中，从而驱动智能知识服务快速演进和发展。具体而言，相关环节所涉及的技术分析结论如下。

1. 数据采集

在基于工程科技大数据智能的知识服务体系下，数据采集环节所涉及的技术是指应用现代计算科学、通信技术与微电子技术等理论，探索面向知识服务的数据收集、传送和处理的技术。这一技术环节所涉及的图 2-10 中排名前 10 位的专利技术类别包括 G06K9 和 H04L29。综观这些类别下的技术范畴的实质就是借助先进的信息技术来替代传统上的人工劳动，进行数据的获取、传输、存储、加工和分析利用等，以期减少人工采集数据的工作强度，提升工作效率。在实践中，面向工程科技大数据智能知识服务体系的数据采集环节涉及领域较为广泛，包括地面物联网实时观测、卫星广域遥感、无人机超低空多视角探测、互联网资源信息的发现与积累等多个方面。而定题采集、定域采集和定点采集则是工程科技大数据对象广度视域下主要的 3 种采集形式。

近年来，随着信息技术和互联网技术的不断发展，面向工程科技大数据知识服务体系的数据采集环节中的技术也日益成熟，数据采集的深度与广度不断扩展，其发展趋势呈现出效率、细粒度和智能的特征。其中，效率是指能够保证在时刻变化的外部环境中采集到更新颖和更全面的信息；细粒度是指在分析已有数据资源的基础上，能够判断数据信息的模式和发展趋势，从而指导后续采集工作的不断推进；智能是指通过外部信息和算法模拟，使数据采集技术能够具备部分人类所拥有的学习能力，实现自适应与泛在采集优化和调整。在这一过程中，面向元数据的 Meta crawlers 采集技术、基于 Multi Agent 的网络新型采集技术、AIoT（人工智能物联网）是当前工程科技大数据智能知识服务领域应用较为广泛的数据采集环节所涉及的技术形式。

2. 数据治理

在面向工程科技大数据的知识服务体系中，数据治理环节所涉及的技术作为一种数据资产的战略协同行为，能够规范、监控和管理数据资产，从而最大限度地实现数据资产价值。这一技术环节所涉及的图 2-10 中排名前 10 位的专利技术类别包括 G06F17 和 G06F40。这些类别的技术范畴就其本质而言，更加强调服务过程中宏观层面的统筹与规划，聚焦数据管控过程中内容及质量的一致性、完整性、安全性、可达性和适用性，其技术范畴内容主要包括数据规范、数据清洗、数据交换和数据集成等多种形式。

在实践中，由于工程科技大数据包含了结构化数据和非结构化数据，具有规模庞大、类型多样、结构复杂、质量参差不齐的特点。因此，只有对多源异构的工程科技大数据进行汇聚和治理，保障数据的统一管理和高效运行，才能够推动工程科技大数据下各类知识服务的开展和应用。在这一过程中，相关专利技术内容可分为宏观、中观和微观 3 个类别，其中，宏观视角是以业务规划的角度实现数据价值增长的目标，其顶层设计的内容主要涉及保障数据业务和质量能够充分满足数据管理与组织战略；中观视角主要是从建设的角度在数据全生命周期中构建相应的大数据管理计划和活动流程；微观视角则是面向实施层面，重点解决数据管理、数据隐私、数据质量及数据工具评价等相关问题。当前，面向微观与中观的工程科技大数据汇聚治理技术主要集中于语法层面，而在语义层面上的数据融合与集成方法还有待进一步突破；在宏观层面上，现有的数据汇聚与治理模式大多属于片段式的，仅侧重于数据全生命周期的某个片段或环节。由此可以预期，未来工程科技大数据知识服务体系下的数据治理环节中技术发展将会在宏观、中观和微观的全治理视角下，利用数据规划、采集加工、回归统计等技术，构建完善的大数据汇聚治理体系，从而实现数据规范化管理，提升数据质量，保证数据长期可用，为面向数据智能的知识组织与计算挖掘提供全面、优质的数据保障。

3. 知识组织

近年来，随着工程科技大数据资源的不断膨胀，无序、分散且格式庞杂的海量数据信息给面向工程科技大数据的知识服务领域的数据分析、建设和挖掘带来了极大的困难，制约了基于数据资源的各类知识服务价值的发挥。在这一背景下，知识组织理念应运而生。知识组织的主要目的在于对数据资源所依托的概念系统与分类系统进行统一控制，以达到知识资源高效使用的目的。传统意义上的语义网络、专家系统、主题词表、叙词表和规范文档等是知识组织最为常用的工具。近年来，随着面向大数据智能的知识服务不断扩展，以大数据为主要对象的知识组织环节成为一个新的发展方向，各类新型工具系统不断涌现，极大地拓展了知识组织技术的研发思路和应用范围，推动了这一技术在大数据时代的持续发展，具体而言，在知识组织的技术环节所涉及的图 2-10 中排名前 10 位的专利技术类别包括 G06F17、G06F16 和 G06Q10。

系统梳理这一技术环节所涉及的技术范畴可知，知识图谱（knowledge graph）是其中最为重要的技术方式之一，它特指一种面向大数据领域的语义网络，其能够深刻表达各类实体、概念及其之间的语义关系，形成一个面向知识的可视化语义网络。运用知识图谱技术能够将离散的、多源异构的领域知识关联起来，形成可视化的语义知识网络，以直观的形式展示给知识服务对象和相关决策者，并能辅助知识服务主体开展信息管理与挖掘，实现精准决策。在实践中，知识图谱作为数据组织技术未来发展的重点，推动其应用与扩展的要素主要集中在本体模型、知识提取、知识融合和知识推理 4 个方面，相关发展趋势在于融合运用深度学习、关系抽取等算法，获取、匹配、整合和挖掘不同结构、不同类型的零散知识，从中确定核心概念及层级结构，构建概念间的关联关系，建立概念的属性及其限制等，形成优化的本体模型，最终实现隐含知识的最大限度提取与展示。

4. 计算挖掘

当前，随着信息技术革命性的发展与进步，数据规模呈现爆发性增长态势。面对海量的数据资源所引发的"信息丰富而知识贫乏的"困境，传统的数据检索与分析技术已经无法满足实际的需求，这就催生了面向数据的计算挖掘环节关联技术的出现。计算挖掘环节关联技术是指从海量数据中计算、分析或提取有效信息或知识的技术形式，其可以作用于诸如数据仓库、事务数据库、空间库、文本库、多媒体库等存储载体和信息介质，重点挖掘和发现数据内部蕴含的潜在模式与未知的知识和行为。就智能知识服务而言，服务所涉及的数据挖掘过程主要包括准备、探寻和表达或解释 3 个阶段，整体过程并不是顺序展开的，而是在特定阶段反复迭代精炼，最终提取出所需要的各类知识形式，包括规律、模式、概念、策略等，进而实现服务导向的知识储备与工作效率的显著提升。

计算挖掘环节所关联的图 2-10 中排名前 10 位的专利技术类别包括 G06N3、G06N20 和 G06Q10。基于对这些类别的技术内容的详细梳理和分析结果可知，计算挖掘最早出现于 20 世纪 60 年代，其所涉及的技术体系的发展演变经历了分析统计、决策与支持和大数据智能 3 个阶段[29]。目前，计算挖掘所涉及的技术主要集中于两个方向：复杂数据挖掘和分布式数据挖掘。其中，复杂数据挖掘聚焦序列数据、图数据等数据形式，面向机器翻译任务的 Transformer 模型、解决自然语言处理问题的来自变换器的双向编码器表征量（BERT）模型及处理图数据的图卷积神经网络[30]，是此研究方向应用较为成熟的算法和模型；分布式数据挖掘是指利用分布式计算方式对分布式资源进行挖掘，通过整合局部知识来获得全局知识，以此降低计算成本并增强数据的保密性。近年来，随着人们对数据安全与数据隐私问题的关注，分布式数据挖掘开始被全球研究者所重视[31]。总体而言，由于海量需求的驱动，计算挖掘技术得到了极大发展，众多技术公司与研究机构纷纷投入这一市场，推出了大量软件和工具，其中，加拿大西蒙菲莎大学智能数据库研究实验室的 DB Miner 系统、美国硅图公司和美国斯坦福大学联合开发的 MineSet 系统、美国 IBM 的 Intelligent Miner 系统等都是较有代表性的软件工具[29]。

预期未来，服务导向下的计算挖掘环节中的相关技术必然会从当前基于概率与分类数学模型的算法实现层面上，向着智能化、泛在化和可视化的方向发展，即通过模仿大脑，运用图形可视化工具，使计算挖掘算法和系统获得类似于人类的智慧，能以方便用户理解的图形显示形式展示数据间关系和分析过程，具备较强的容错和控制能力，从而开启计算挖掘体系中面向深度学习和人机接口应用的技术革命，显著提升数据处理和挖掘的效率与应用范围。

2.3　小结

本章基于 Web of Science 核心合集数据库，应用文献计量的方法，归纳总结了当前工程科技大数据智能知识服务研究发文状况、研究文献空间分布、前沿热点和技术发展态势。同时，鉴于工程科技领域的内生特征和运行规律，以万象云专利数据库为基础，重点分析了工程科技各行业研究特点、运行态势和技术分布概况，主要得出以下结论。

（1）工程科技大数据智能知识服务研究起源于 20 世纪 90 年代，历经初始、成长和快速发展 3 个阶段，目前正处于稳步上升期，相关论文与研究成果不断涌现，融合化与服务导向正成为智能知识服务研究的一个重要趋势。而中国、美国、英国等国家是当前工程科技大数据智能知识服务研究最为活跃的国家，发文分布区域和机构向特定区域集中的"头部"效应日益明显。在工程科技大数据领域应用场景与技术的扩展与融合已成为当前工程科技大数据智能知识服务研究最为重要的前沿热点，而服务导向的技术形式则是该领域学术论文技术研究的一个重要聚焦点。

（2）全球工程科技大数据智能知识服务领域专利年度申请量虽在个别年份有所波动，但总体上保持了快速增长的态势，全球范围内这一领域专利申请国家/地区"一超多强"的格局已基本形成。由于世界各国研究发展状况的差异，各专利申请人的专利数量年份序列演变的差异性较为显著。此外，全球高被引专利所涉及的专业领域集中度呈现大幅提升的态势，而高申请量专利技术类别则更加紧密地衔接数据生命周期的各个环节，其中所涉及技术的融合化与智能化是未来发展的一个必然趋势。

参 考 文 献

[1] ELIA G, MARGHERITA A, PASSUANTE G. Management Engineering: A New Perspective on the Integration of Engineering and Management Knowledge[J]. IEEE Transactions on Engineering Management, 2020, 86(9):1-13.

[2] SHARMA R, KAMBLE S, GUNASEKARAN A, et al. A Systematic Literature Review on Machine Learning Applications for Sustainable Agriculture Supply Chain Performance[J]. Computers & Operations Research, 2020, 119(17):14-26.

[3] CHEN D, WAWRZYNSKI P, LV Z. Cyber Security in Smart Cities: A Review of Deep Learning-based Applications and Case Studies[J]. Sustainable Cities and Society, 2020, 66(7):102-189.

[4] MOHANTY S D, BIGGERS B, SAYEDAHMED S, et al. A multi-modal approach towards

mining social media data during natural disasters—a case study of Hurricane Irma[J]. International Journal of Disaster Risk Reduction, 2021,34(9):223-256.

[5] CHOI S, WOO J, PARK Y H, et al. User-Friendly Method of Digital Twin Application based on Cloud Platform for Smart Manufacturing[J]. Transactions of the Korean Society of Mechanical Engineers A, 2021,45(3): 175-184.

[6] BILAL M, OYEDELE L, QADIR J, et al. Big Data in the construction industry: A review of present status, opportunities, and future trends[J]. Advanced Engineering Informatics, 2016,30(11). 500-521.

[7] ZHE P , WANG H, SANG Z Q, et al. Smart manufacturing systems for Industry 4.0: Conceptual framework, scenarios, and future perspectives[J]. Frontiers of Mechanical Engineering, 2018, 19(25):209-224.

[8] LI J R, TAO F, CHENG Y, et al. Big Data in product lifecycle management[J]. International Journal of Advanced Manufacturing Technology, 2015, 81(10):176-191.

[9] KAMBLE S, GUNASEKARAN A, GAWANKAR S. Achieving Sustainable Performance in a Data-driven Agriculture Supply Chain: A Review for Research and Applications[J]. International Journal of Production Economics, 2019, 219(7): 179-194.

[10] SANDOVAL P A L, CHECA C A, DIAZ V R A. Expert System for the Diagnosis and Treatment of Diseases and Pests in Ornamental Plants[J]. Revista Universidad Sociedad, 2021,13(3): 505-511.

[11] PLAWIAK P. Novel Methodology of Cardiac Health Recognition Based on ECG Signals and Evolutionary-Neural System[J]. Expert Systems with Applications, 2018, 92(11): 334-349.

[12] ARABASADI Z, ALIZADEHSANI R, ROSHANZAMIR M, et al. Computer Aided Decision Making for Heart Disease Detection using Hybrid Neural Network - Genetic Algorithm[J]. Computer Methods and Programs in Biomedicine, 2017,141(15):209-243.

[13] MOHAN S, THIRUMALAI C S, SRIVASTAVA G. Effective Heart Disease Prediction Using Hybrid Machine Learning Techniques[J]. IEEE Access, 2019,131(1):1-10.

[14] RUSTAM F, RESHI A, MEHMOOD A, et al. COVID-19 Future Forecasting Using Supervised Machine Learning Models [J]. IEEE Access, 2020, 45(6):132-158.

[15] CHANDRA T B, VERMA K, SINGH B K, et al. Coronavirus disease (COVID-19) detection in Chest X-Ray images using majority voting based classifier ensemble[J]. Expert Systems with Applications, 2021, 165(3): 113-209.

[16] ROBSON B. Computers and viral diseases. Preliminary bioinformatics studies on the design of a synthetic vaccine and a preventative peptidomimetic antagonist against the SARS-CoV-2 (2019-nCoV, COVID-19) coronavirus[J]. Computers in Biology and Medicine, 2020, 119(11): 103-134.

[17] XU X L, HUANG Q, ZHU H, et al. Secure Service Offloading for Internet of Vehicles in SDN-Enabled Mobile Edge Computing[J]. IEEE Transactions on Intelligent Transportation Systems, 2020, 303(20): 1-10.

[18] KWOK R, ZHANG K, WANG X J, et al. Joint Computing and Caching in 5G-Envisioned Internet of Vehicles: A Deep Reinforcement Learning-Based Traffic Control System[J]. IEEE Transactions on Intelligent Transportation Systems, 2020, 209(23): 1-12.

[19] 孙坦，丁培，黄永文，等. 文本挖掘技术在农业知识服务中的应用述评[J]. 农业图书情报学报，2021，33（1）：4-16.

[20] 刘名成. 基于评论数据的产品设计辅助决策知识服务技术方法研究[D]. 宁波：宁波大学，2020.

[21] 衡良. 云制造模式下产品设计知识服务关键技术研究及其应用[D]. 成都：四川大学，2018.

[22] 耿晶. 地理空间建模知识服务模型与关键技术研究[D]. 武汉：武汉大学，2015.

[23] 马文波. 数字图书馆基础上的公共图书馆知识服务技术支撑初探[J]. 语文学刊，2015（1）：98-99.

[24] 董济德. 基于任务驱动的主动知识服务技术研究与应用[D]. 南京：南京航空航天大学，2015.

[25] 李颖新，敬石开，李向前，等. 云制造环境下基于用户行为感知的个性化知识服务技术[J]. 计算机集成制造系统，2015，21（3）：848-858.

[26] 李荟. 基于情景的主动知识服务技术研究及应用[D]. 南京：南京航空航天大学，2014.

[27] 王胜海，钟瑛. 知识服务技术研发与实践[J]. 图书情报工作，2012，56（11）：12-15.

[28] 王发麟. 面向多设计团队协同的知识服务关键技术研究[D]. 南昌：南昌航空大学，2012.

[29] 杨涛. 基于本体的农业领域知识服务若干关键技术研究[D]. 上海：复旦大学，2011.

[30] 刘红鹰，冯东. 数字图书馆个性化知识服务技术探析[J]. 医学信息学杂志，2009，30（12）：64-67.

[31] 杨晓湘. 网格技术与数字图书馆知识服务[J]. 现代情报，2006（10）：79-81.

第 3 章　国际发展现状

随着大数据、人工智能、云计算等技术的发展，新一轮信息技术与科技活动的交汇融合加剧，大量科技数据不断涌现，数据的产生不再受时间和空间的限制，科学研究步入数据密集型第四科研范式。在科技数据爆发性增长态势下，数据呈现出来源广泛、瞬息万变、载体多样等特征，科研人员对知识的获取和使用体现出由信息供给不足转变为信息供给过载但有效知识仍旧不足的矛盾。

面对科研人员的切实需求和新技术带来的挑战，国际科技发达国家较早地开展了工程科技大数据智能知识服务，为各行业提供了科技信息情报服务。例如，全球知名出版商 Elsevier、Taylor 等利用大数据分析与机器学习技术，研发了数字化、知识化智能工具，为科研人员和机构提供深度分析服务。本章基于前文对国际工程科技大数据智能知识服务研究现状的文献计量分析，通过各国及地区发文量分析识别出该领域研究的主要国家和地区，并基于此选取美国、欧盟、英国、日本进行相关微观分析，重点关注以上各国及地区在科技创新与知识服务方面的发展战略与规划、主要项目实践与应用，以及其在工程科技大数据智能知识服务方面的发展现状与趋势。

3.1　美国

自 20 世纪中叶起，美国联邦政府开始设计和建设数据资源开放政策体系和法律框架，将数据资产和智能技术作为维护国家安全和创新发展的两大基石，先后出台了多项数据战略和人工智能战略，为科学数据开放共享和使用奠定了坚实的制度基础和完整的发展路线，逐渐形成"数据+智能"战略体系，以数据作为生产资料，通过结合大规模数据处理、云存储、数据挖掘、机器学习、可视化等技术，从大量数据中提炼、发掘、获取知识，为决策者在制定决策时提供有效的数据智能支持，减少或者消除不确定性，缩小数据和决策之间的鸿沟，有效应对"数据过载""认知偏见"等问题。

3.1.1　发展战略与规划

美国政府在科技大数据智能知识服务方面发挥着重要的引领作用，主要通过制订战略计划，如《国家人工智能研究和发展战略规划》《联邦数据战略与 2020 年行动计划》《美国人工智能倡议》等，以提高战略地位、重视技术发展、改善发展生态等（见图 3-1），对全球各国大数据战略规划与发展具有重要的导向作用。美国政府一方面加大对大数据知识服务的资金支持，如在 2021 年 6 月通过的《2021 年美国创新和竞争法案》中的《无尽前沿法案》中提到未来 5 年将投入超过千亿美元以支持人工智能与机器学习、高性能计算、量子计算、生物医疗技术、能源、

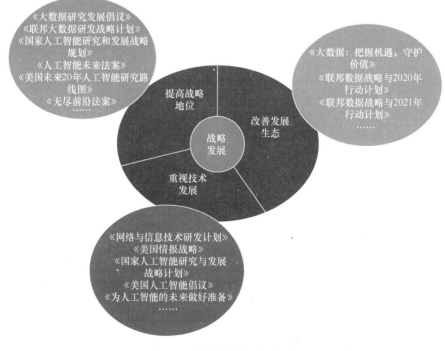

图 3-1　美国发展战略与规划

材料工程等领域基础技术研究，确保美国在相关领域发展的领先地位；另一方面制定国家发展战略，明确总体大数据与知识服务发展目标，在促进产学结合、公民平等利用大数据知识服务的同时，确保美国在相关行业的全球领先地位。

1．提高国家政策导向与战略地位

作为世界上最早布局大数据的国家，美国高度重视大数据与知识服务的发展，通过一系列战略规划提升大数据应用研究的地位，构建强有力的数据产业发展机制，确保美国在相关行业的全球领先地位。在工程科技大数据与知识服务方面，美国政府高度重视前沿理论创新与技术引领，在数据科学研发、数据分析与存储、工程科技大数据开发、知识服务应用等领域制定了一系列发展战略，加大美国科技研发投入，同时关注用户需求，确保科技大数据智能知识服务的快速发展与全球领先地位。

在大数据发展战略方面，如图 3-2 所示，美国高度重视通过技术推动产业发展，近年来通过战略文件等不断提高科技大数据发展地位及改善科技创新条件。例如，美国于 2012 年 3 月发布了《大数据研究发展倡议》，提出要发展前沿核心技术，以满足搜集、存储、防护、管理、分析和共享海量数据的要求，利用上述技术，推动科学与工程领域的发明创造，增强国家安全，转变教育方式；同时储备人力资源，以满足发展大数据技术的需求[1]；2016 年 5 月，美国发布《联邦大数据研发战略计划》，提出了 7 项大数据研发战略，旨在维持美国在大数据科学及研发应用领域的竞争力；2016 年 10 月，美国发布《国家人工智能研究和发展战略规划》和《为人工智能的未来做好准备》，预期利用人工智能技术推动国家发展；同年 12 月，发布了《人工智能、自动化和经济报告》，提出以人工智能为主导的技术演变将会对经济社会发展带来的影响及措施；2017 年 12 月，美国国会提出人工智能领域的首个联邦法案——《人工智能未来法案》；2019 年 2 月，美国先后颁布了《维护美国在人工智能领域的领导地位》《美国人工智能倡议》，对数据资源、人才需求等重点领域的研究投入等进行了阐述；2019 年 8 月，美国计算社区联盟（CCC）和人工智能促进协会（AAAI）发布了《美国未来 20 年人工智能研究路线图》；2020 年 10 月美国发布了《关键与新兴技术国家发展战略》，数据科学、人工智能等相关技术被列在关键与新兴技术中，要求美国保持在相关领域的领导地位及竞争优势；2021 年 5 月美国发布了《无尽前沿法案》，提出支持人工智能等关键技术发展，激活美国科技创新体系等，为美国未来 10 年的数据战略奠定了坚实的基础。美国智库数据创新中心的报告显示，2021 年美国提出了 130 项人工智能法案，通过出台国家发展战略及政策文件，美国不断提高科技大数据及相关技术的战略地位，为其持续性发展与科技创新创造了良好的战略环境。

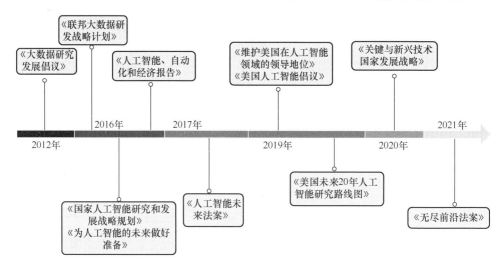

图 3-2　美国大数据与人工智能战略时间轴

2. 改善大数据发展生态

美国是率先将大数据从商业概念上升至国家发展战略的国家，通过实施分步走战略，在大数据技术研发、商业应用及保障国家安全等方面已全面构筑起全球领先优势，旨在打造以自身为主导的全球数字生态系统。从《大数据研究发展倡议》《大数据：把握机遇，守护价值》到《联邦大数据研发战略计划》再到《联邦数据战略与 2020 年行动计划》及《联邦数据战略与 2021 年行动计划》，对数据的关注由技术转向资产，"将数据作为战略资产开发"成为核心目标，指导联邦政府进行数据使用及管理、数据标准、数据挖掘、数字贸易、跨境数据流动，通过调整政策框架、法律规章等，形成涵盖技术研发、数据可信度、基础设施、数据开放与共享、隐私安全与伦理、人才培养及多主体协同等 7 个维度的系统顶层设计，强化数据驱动体系建设，打造面向未来的大数据创新生态，为提升国家整体竞争力提供长远保障。为确保所有美国人的公平访问权限，白宫科技政策办公室（OSTP）近十年来一直致力于确保那些具有 1 亿美元以上的联邦机构能够制订计划，使联邦资金资助的数据顺利进入在线数据库，供所有人访问。

3. 重视发展智能技术，掌握未来技术主导权

随着互联网、大数据、云计算、人工智能、物联网、区块链等数字技术不断突破，美国政府紧跟信息技术发展速度，从国家发展战略高度快速迭代更新实施《网络与信息技术研发计划》《美国情报战略》《国家人工智能研究与发展战略计划》《美国人工智能倡议》《为人工智能的未来做好准备》《关键和新兴技术国家发展战略》等一系列前沿技术发展战略部署和规划。这一系列文件的核心内容主要是基于人工智能发展生态系统，布局核心基础理论和前沿性技术，推进多学科交叉研究，高度重视对社会影响和国家安全方面的技术攻关和布局，尤其是把伦理安全等因素注入人工智能技术发展路线，更加突出治理规则的主导权和美国价值观。美国国家科学基金会（National Science Foundation，NSF）联合美国国土安全部、美国农业部等机构投资 2.2 亿美元，新建 11 个 NSF 人工智能研究所，涉及人机交互、人工智能增强学习及人工智能在农业方面创新应用等 7 个研究领域。NSF 表示无论是粮食安全系统还是下一代边缘网络，他们希望人工智能可以在一些经济、科学及工程领域取得突破性进展。同时，成立专门的国家人工智能倡议办公室，协调政府、工业界和学术界的关系，充分整合资源并发挥政府—大学—产学研发生态系统的作用，形成"科技+产业+资本"三面体，合力发展人工智能，掌握未来技术主导权，跨越科技研发的"死亡之谷"，加速将人工智能实验性成果转化为应用型成果。

3.1.2　主要项目实践与应用

1. OSTI.GOV

OSTI.GOV 是美国能源部（Department of Energy，DOE）科学、技术和工程研发成果的主要搜索工具，也是美国能源部科技信息办公室（Office of Science and Technical Information，OSTI）的组织中心。它整合了 OSTI 主页和已退役的主要搜索工具——SciTech Connect，在收集、保存、传播和访问资助研究成果的基础上，简化用户搜索界面并统一 OSTI 搜索工具，将文本、数据、软件和多媒体的搜索相结合，提供核心技术、专业知识和专业工具及服务，以最大限度地提高 DOE

研发成果的价值和影响力。

　　OSTI.GOV 收录了 DOE 及其前身机构 70 多年的研究成果，包括期刊文章、技术报告、科学研究数据集、科学软件、专利、会议论文、书籍和多媒体等资源类型（见表 3-1）。资源体量超过 300 万条记录，包括 171 万篇期刊文章的引用，其中约 100 万篇具有链接到出版商网站上进行全文文献检索的数字对象标识符（DOI）。OSTI.GOV 采用创新的语义搜索工具，通过提供易于使用的搜索功能和大量自定义选项，使用户能够检索到更多相关信息，检索结果页面可以按资源、可用性、出版日期、作者/贡献者和研究机构过滤结果列表。它还提供针对特定资源的专用搜索工具，用来发现特定类型的由 DOE 资助的研发成果，如 DOE PAGES（能源部公共访问网关）学术出版物检索，如期刊文章和手稿、DOE Data Explorer（能源部数据浏览器）研究数据检索、DOE Patents（能源部专利）专利信息检索、DOE CODE 软件工具检索、DOE ScienceCinema 特色视频检索等。

表 3-1　OSTI.GOV 收录资源基本信息

类　　别	收　录　内　容
期刊文章	包括最终经过同行评审的已接受手稿、开放获取期刊文章和出版商的记录版本
科学研究数据集	包括来自数据中心、存储库和其他由能源部资助的组织的数据集和数据集合。数据本身位于国家实验室、数据中心、用户设施、学院和大学或其他网站
科学软件	由 DOE CODE 提供 DOE 资助产出的科学和商业软件的协作、归档和发现服务，同时提供 OSTI 旧产品"能源科学与技术软件中心"中的内容
技术报告	包括由 DOE 资助的研究项目文件，这些文件描述了研究和开发或其他科技工作的过程、进展或结果
专利	包括来自美国能源部资助的组织、研究人员已发布的专利记录精选列表
会议论文	包括来自会议、专题讨论会、讲座或类似活动的科技信息产品
书籍/专著	包括关于特定主题的学术著作
计划文件	包括由 DOE 计划办公室准备或为 DOE 计划办公室准备的文件，可能包含项目分析、研究需求评估、关于特定技术或科学主题的研讨会成果、战略或运营计划或其他类型的项目特定信息
学位论文	包括通常基于原始研究、使用学术资源、由候选人撰写的学术论文，作为研究生院对学历或专业资格的要求
多媒体	包括由 DOE 国家实验室、其他 DOE 研究机构和欧洲核研究组织（CREN）制作的视频和音频文件
其他	包括在上述类别之一中不易定义的任何科技信息

OSTI 利用持久性标识符的力量，与 Crossref、DataCite 和 ORCID 合作提供数据 ID 分发服务，为数据对象分配和使用永久标识符（Persistent Identifier，PID）提供服务和支持。PID 是全局唯一的、持久的、机器可解析的、具有关联的元数据架构，并用于消除实体间歧义，包括分配给研究成果的 DOI、分配给单个研究人员的 ORCID ID 及分配给研究机构的 Org IDs，以增强对研究成果的管理，链接整个研究生命周期，使数据对象之间更好地确认、引用、发现、检索和重用。OSTI 还提供 API 接口文档，对文档、软件代码、数据、专利、多媒体、数据 ID 服务提供统一方法，以灵活的格式搜索资源元数据。

通过与 DOE 综合体的研究人员协商，OSTI 不断努力完善其信息搜索工具的功能，提高信息检索的精度，并使获取 DOE 研发结果的速度比以往任何时候都更快、更方便、更完整。这些改进和创新是 OSTI 不断努力使科学更加开放、高效和可重复的一部分，并能更好地满足 DOE 资助的科学家和美国公众的需求。

2. Science.gov

Science.gov 是美国政府科学信息跨部门门户网站，由美国能源部主办，由来自美国 12 个主要科技部门的 17 个科技信息机构组成工作联盟进行开发维护，包括农业部、商业部、国防部、教育部、能源部、卫生与公共服务部、国土安全部、内政部、交通部、环保局、美国航天及空间管理局、美国国家科学基金会、国会图书馆和美国专利商标局等，旨在整合各部门科学资产，服务于整个科技界和公众，响应政府关于信息公开和共享的政策号召。该网站是了解美国各领域科学研究计划、发展方向、进展的重要窗口。

该门户网站于 2002 年启动，是美国科学机构开创性的一项倡议，旨在利用新技术建设新的科技信息基础设施，改善公共基础设施并获取国家科研信息。Science.gov 提供了来自 15 个联邦机构的科学组织的研发（R&D）成果、科学技术信息和重大科学发现，使用户能够免费访问。其资源包括政府机构网站及相关的全文、引文、科学数据、多媒体数据库和灰色文献等，内容包括农业与食品、应用科学与技术、航天与宇宙、生物与自然、保健与医学、能源、计算机与通信、环境、地球与海洋、数理化、自然资源、科学教育等 12 大类，以解决科技信息数据库分散、"信息孤岛"问题，帮助科技人员和公众不受学科、部门和领域限制，全面、准确、快速地查询和了解联邦政府研究开发事业。用户可以使用多种格式搜索 60 多个数据库、2200 多个网站和超过 2 亿页的权威联邦科学信息。网站的"元搜索"（Metasearch）可以一次调动 60 个数据库进行同时查询，从上亿个记录中检索出可靠的科学信息，还开发了分布式深层网络搜索技术，能够进行精确查询，使大量难以查找的科技信息可以得到检索利用。同时，元搜索也可按大类或主题词，对该网站的数据库与网址进行检索。

Science.gov 网站建设初期得到了电子政府计划中 FirstGov 项目的 17.5 万美元的资助，后来还得到了能源部小企业发展基金会的资助。在开发 Science.gov 3.0 项目上，各参与部门认捐共计 20 万美元。Science.gov 还为本科生和研究生提供有关联邦 STEM（科学、技术、工程和数学教育）机会信息，包括本科生可以直接申请的奖学金、研究实习和研究生奖学金，以及学术机构建立创新本科和研究生培训计划的资助机会，激励学生提高科学和技术素养，为未来 STEM 劳动力做好准备。

3．National Library of Medicine

美国国家医学图书馆（National Library of Medicine，NLM）是世界上最大的医学专业图书馆，由美国联邦政府经营管理，共藏有 700 多万册医学及相关学科书籍、期刊、报告、手稿、照片、音视频等。NLM 维护并提供大量的印刷馆藏，并制作有各种主题的电子信息资源，其非常重视不同类型生物医学信息资源的收集、组织和传播工作，除传统的文献资源外，基因组数据、科研数据、标准、数据科学工具、临床数据、居民和社区的健康状况指标、科学交流及面向公众的健康信息等同样被纳入 NLM 馆藏资源建设的范围（见表 3-2）。NLM 核心功能是为医学研究人员和医务工作者提供医学信息、教学科研支撑、医学情报分析等服务，并致力于面向公众的健康信息传播与服务。

表 3-2　NLM 产品及服务

产　品	服　务　简　介
ClinicalTrials.gov	是世界各地由私人和公共资助临床研究的数据库，包含了 50 个州 221 个国家约 43 万项研究内容，每条记录都提供有关研究方案的摘要信息，包括疾病或病症、干预、资格标准、研究地点、联系信息、相关链接、研究结果、研究参与者描述等内容
数字馆藏	免费在线生物医学资源库，包括书籍、静止图像、视频、档案材料、地图和软件工具等

（续表）

产　品	服　务　简　介
MedlinePlus	提供高质量健康和保健信息，以及有关健康主题、人类遗传学、医学测试、药物、膳食补充剂和健康食谱的信息
医学主题标题（MESH）	医学主题标题同义词库是 NLM 制作的受控和分层组织的词汇表，用于索引 Medline 和 PubMed 的文章，能够检索可能使用不同术语来表达的信息
PubMed	收录了超过 3400 万次生物医学文献的引用和摘要，不提供全文，但会显示指向全文的来源链接，面向公众免费开放。其资源覆盖生物医学和健康、生命科学、行为科学、化学科学和生物工程等相关学科
PubMed Central（PMC）	生物医学和生命科学期刊文献的免费全文存档，约 840 万篇文章，旨在提供对其所有内容的永久访问
统一医学语言系统	集成和分发关键术语、分类和编码标准及相关资源，以促进创建更有效和可互操作的生物医学信息系统和服务，包括电子健康记录
Open-i	从开源文献和生物医学图像集中搜索摘要和图像（包括图表、图形、临床图像等），支持文本查询和图像查询。Open-i 提供了对来自大约 120 万篇 PubMed Central 文章中的 370 万张图片、7470 张胸部 X 光片、3955 份放射学报告及来自 NLM 医学史收藏的 67517 幅图像和 2064 幅骨科插图的访问
基本局部对齐搜索工具（BLAST）	可查找序列之间具有局部相似性的区域。基本局部对齐搜索工具将核苷酸或蛋白质序列数据库进行比较，并计算匹配的统计显著性。BLAST 可用于推断序列之间的功能和进化关系，以及帮助识别基因家族的成员

　　2017 年，美国国家医学图书馆发布未来 10 年战略计划"生物医学发现和数据驱动健康平台：2017—2027"，其分为 3 个子目标：通过提供数据驱动的研究工具，加快知识发现和改善公众健康；加强传播和参与途径，提升和拓展用户服务；开展面向数据驱动科研和数据驱动健康的教育与培训，突出数据和平台价值。该计划涉及科研支撑、用户服务和教育培训 3 个层面的战略规划。美国国立卫生研究院（NIH）将在 2023—2026 年内投资 1.3 亿美元，以加速生物医学和行为学研究人员对人工智能的广泛使用。NIH 共同基金 Bridge2AI 计划正在召集来自不同学科和背景的团队成员，通过广泛采用人工智能来推动生物医学研究向前发展，生成新的旗舰生物医学和行为数据集，以应对复杂的生物医学挑战。NLM 正在资助 12 个机构，以支持短期生物医学信息学和数据科学培训计划。NLM 将在 5 年内每年颁发这些奖项，总计投资约 800 万美元，用于支持学生为生物医学信息学和数据科学的研究生学习和研究生涯做好准备。学生培训集中在医疗保健、临床和转化科学信息学、精准医学、公共卫生信息学、个人健康信息学和数据科学等领域。

3.1.3　发展现状与趋势

美国作为开放数据的发起者和领跑者，在机构设置和部门联动、经费投入、人才培养、标准制定、法律保障等方面相对完善，开放数据在各个行业的应用较为普及，在很多领域已具有系统性，实现了从数据到知识、知识到决策、决策到行动的快速转化。未来，为维持长期主导地位，美国政府将继续投入资源和资金支持科技研发，利用公共、私营和学术部门的大规模合作，打造技术生态系统，保护自身创新优势核心，重视网络安全、数据安全和隐私，从政府层面制定和发布数据监管制度，保障数据自由流动，更好地迎接第四次工业革命。

1．发展现状

美国作为全球领先的经济强国与科技强国，自 20 世纪 90 年代开始，便高度重视计算机技术的发展，提出了一系列措施发展大数据与知识服务，是目前该领域技术水平最高的国家之一。近年来，在全球经济形势不确定性增加、以中国为代表的发展中国家科技水平不断提高、大数据/云计算及人工智能等新一代信息技术快速发展等多方因素的影响下，美国政府制定了一系列政策，加大科技投入，推动技术创新与应用实践，注重数字型人才教育培养，以期维持长期主导地位（见图 3-3）。

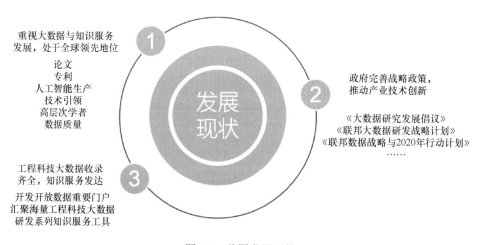

图 3-3　美国发展现状

1）重视大数据与知识服务发展，处于全球领先地位

美国政府高度重视大数据与知识服务产业发展，与其全球经济领先地位类似，其在大数据与知识服务方面具有全球领先地位。

由第 2 章相关数据可知，在能够反映学术水平的论文上，在世界各国工程科技大数据智能知识服务领域发文量排名前 20 位的国家中，美国共发文 6398 篇，占比为 21.4%，位列第二；在 2000—2021 年的工程科技大数据智能知识服务领域专利申请中，美国以 24839 件处于世界领先水平，且 20 件高被引专利全部来自美国，说明美国在其理论与实际应用中均位居世界前列，具有先进性与创新性（见图 3-4）。美国智库数据创新中心 2021 年更新的报告显示，美国至少有 62 家公司正在开发人工智能芯片，而中国有 29 家，欧盟有 14 家。美国在人工智能生产方面具有许多优势，包括高质量的基础设施和物流、创新集群、领先的大学及该领域的领先历史。在技术引领方面，美国也走在世界前列，如目前在工程科技大数据智能知识服务业广泛研究应用的知识图谱，是美国科技公司谷歌于 2012 年正式提出并发布应用的；用于存储工程科技数据的 NoSQL 图形数据库 Neo4j 与关系数据库 SQL Server 也均由美国科技公司研发。从人才聚集来看，清华大学发布的《人工智能发展报告 2020》显示，在人工智能高层次学者分布国家中，美国人工智能高层次学者数量最多，有 1244 人次，占比为 62.2%，中国排在美国之后，位列第二，有 196 人次，占比为 9.8%，美国是排名第二位国家（中国）人工智能高层次学者数量的 6 倍以上。在数据质量方面，美国的数据来源不同于中国绝大多数来源于国内的情况，其大量数据来自世界上不同的国家，在数据的权威性与数据全

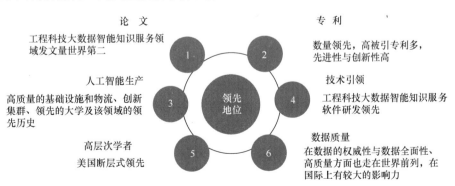

图 3-4　美国工程科技大数据智能知识服务领先地位

面性、高质量方面也走在世界前列，在国际上有较大的影响力[2]。综合上述数据，美国目前仍然是世界上工程科技大数据智能知识服务领域的引领者，在行业中有着较为重要的影响力，引领着相关技术发展[3]。

2）政府完善战略政策，推动产业技术创新

美国联邦政府不断提高数据信息行业的战略地位，为产业技术的创新发展制定战略导向。在大数据发展方面，发布《大数据研究发展倡议》《联邦大数据研发战略计划》等文件，推动数据发现、数据存储、数据抽取、数据共享和数据分析等，并提出推动大数据新兴技术发展，实现突破性科学发现，创建并改善科研网络基础设施，实现大数据创新，提升数据的价值，完善大数据教育与培训的国家布局，满足人才需求。《联邦数据战略与 2020 年行动计划》提出组建多元化的数据处理机构、提高员工数据技能、启动联邦首席数据官委员会、为人工智能研发完善数据和模型资源、开发联邦企业数据资源存储库等具体操作行动，实施关于保持美国在人工智能领域的领导地位的行政命令，为美国未来 10 年数据驱动的战略奠定了基础。2021 年 1 月，美国白宫科学技术政策办公室宣布成立国家人工智能倡议办公室，以监督美国人工智能战略的制定及实施。从目前来看，美国政府正不断提高工程科技大数据智能知识服务的战略地位，通过行政手段推动相关产业发展，迄今为止，一系列政策的出台也促进了美国信息技术相关产业的技术创新与应用创新，与上述发展现状中美国重视大数据与知识服务发展，在相关行业的全球领先地位相对应。可以预见，美国在未来也将会不断完善相关战略，促进其国内产业技术发展，为其领导地位提供制度保障。

3）工程科技大数据收录齐全，知识服务发达

美国在工程科技大数据收录方面数据齐全，知识服务类型多样。大数据时代到来后，美国政府通过一系列政策推动数据的开发应用。其运用大数据、云计算、智能搜索、知识问答、人工智能等技术，构建满足用户需求的工程科技大数据平台。例如，在综合领域，美国政府部门开发的开放数据重要门户——data.gov，收录了农业、气候、能源、海洋等领域工程科技大数据，截至 2022 年 11 月已拥有 29 余万个数据集，并以用户为中心，搭建资源共建共享社区，满足用户不同层面的工程科技大数据需求。在特定领域工程科技大数据方面，美国也保持着领先地位，数据收录齐全。例如，医学领域的美国国家医学图书馆（NLM）所属的生物

技术信息中心（National Center for Biotechnology Information，NCBI）研制开发的 PubMed 收录有世界上 80 多个国家和地区 5600 多种生物医学期刊及部分在线图书的摘要信息，检索功能强大。美国医疗健康服务网站 WebMD 旗下的 Medscape 收录有各类医学期刊论文、图片、案例报告、医药新闻、免费论文、芝加哥商业交易所和药物搜索等相关信息，能提供药物互相作用检查器、药丸标识符、计算器、交互式诊断、联机医学文献分析和检索等知识服务工具。

2. 发展趋势

通过对美国相关政策及技术发展水平分析可知，未来，美国的工程科技大数据智能知识服务将呈现维持主导地位、加大科技投入；工程科技大数据应用智能化；重视用户需求，加大人才教育培养力度的发展趋势（见图 3-5）。

维持主导地位，加大科技投入
美国不断加大对科技大数据智能知识服务的资金投入，通过战略文件促进技术创新，保持美国竞争优势。

美国未来发展趋势

工程科技大数据应用智能化
在未来，美国工程科技大数据领域的知识服务将呈现面向用户需求，为用户提供更加智能化的服务。

重视用户需求，加大人才教育培养力度
美国在人才引进与人才培养方面制定了一系列举措，为科技大数据知识服务的发展提供高端人才资源支撑。

图 3-5　美国发展趋势

1）维持主导地位，加大科技投入

当前美国在大数据智能知识服务方面处于领先地位，其战略目标与其他领域类似，希望通过科技创新维持美国的霸主地位。同时，以中国为代表的发展中国家在信息技术领域的发展，也对美国的战略制定有着重要影响。一方面，美国不断加大对科技大数据智能知识服务的资金投入，通过战略文件促进技术创新，保持美国竞争优势；另一方面，美国不惜利用经济代价遏制中国等国家的发展，以维持其全球领导地位。2019 年，美国总统特朗普签署了《关于保持美国在人工智能领域的领导地位的行政命令》，明确提出增加在人工智能方面的投入，维持美国在全球人工智能领域发展的领导地位。在 2021 年 6 月通过的《2021 年美国创新和竞争法案》提出未来五年投入超过千亿美元以支持人工智能与机器学习、高性能计算、量子计算、生物医疗技术、能源、材料工程等领域基础技术研究；同时，该法案中特别提到应对中国挑战，以竞争之名行遏制之实，巩固美国霸主地位。2022 年 10 月，美国白宫发布了《2022 年国家安全战略》，明确了促进美国未来利益的战略举措：一是投资对美国权力和影响力起到关键驱动作用的产业；二是在技术上与盟友合作，投资人工智能等领域，保持美国的竞争优势，维持美国的领导地位。从战略文件中可以看出，美国对自己在大数据智能知识服务方面的定位是全球的领导者，其技术研究与应用现状也正走在世界前列。美国国家科学与工程统计中心的数据显示，2020 年，普通科学和基础研究功能类别的研发预算为 136.6 亿美元，比 2019 年的 131.7 亿美元增长 3.7%。2021 财年的研发预算增长 1.0%，至 138 亿美元。2022 财年的研发预算增长 11.9%，达到 154.4 亿美元。美国政府于 2022 年 3 月宣布了 2023 财年的预算申请，表示将为人工智能投资申请更多资金。例如，2023 财年预算包括向美国国家标准与技术研究所（National Institute of Standards and Technology，NIST）提供 1.87 亿美元，以通过技术标准开发（Technical Standards Development）加速人工智能应用。此外，美国参议院于 2021 年通过了《美国创新与竞争法》（*U.S. Innovation and Competition Act*，*USICA*），其中包括建立一个新的国家科学基金会（NSF）的提案，其将专注于技术和创新。美国参议院将在 2026 财年前为该基金会授权 93 亿美元，以加强美国在包括人工智能在内的一系列关键技术方面的领导地位。未来，美国将会加大自己在相关领域的投入，维持在工程科技大数据智能知识服务领域的全球领导地位，同时密切关注相关竞争国家发展，进而保持美国的全球竞争力。

2）工程科技大数据应用智能化

随着智能科技的发展，美国在大数据、云计算、人工智能、知识服务等方面不断取得技术突破。在未来，美国工程科技大数据领域的知识服务将呈现面向用户需求，为用户提供更加智能化的服务。美国重视基础研究与应用研究相结合，在知识应用方面，形成数据驱动的工程科技大数据智能搜索、不同工程领域的知识预测、分析统计、个性化定制服务等。《未来 20 年美国人工智能研究路线图》中提出聚焦协同互动等主题，通过多种形式的人机交互，满足用户的信息需求，建设开放的人工智能平台。

3）重视用户需求，加大人才教育培养力度

美国能够处于领先地位，离不开对人才的培养及工程科技大数据领域人才的支撑，其在人才引进与人才培养方面制定了一系列举措，为工程科技大数据智能知识服务的发展提供高端人才资源支撑。美国重视以人为本，加大教育培养力度，储备人力资源，以满足工程科技大数据智能知识服务的科技人才需求。作为世界上的老牌资本主义强国，美国对世界各国的人才均具有很强的吸引力，其发达的教育体系、知名大学的研究机构每年都吸引着大量的优秀学子留学美国；而其完善的大数据知识服务就业机会也吸引了不少科技人才留在美国工作，为其发展作出贡献。

美国政府把科学、技术、工程和数学教育（STEM）确定为优先发展事项，并将其上升到国家发展战略的高度加以推进。2016 年，美国发布的《联邦大数据研发战略计划》中提出了完善大数据教育与培训国家布局，在满足人才需求的同时提高学术素养。2019 年 5 月，美国发布的《未来 20 年美国人工智能研究路线图》中提出开设人工智能课程，促进高级技术人才发展，培训高技能人工智能工程师和技术员。《2021 年美国创新和竞争法案》以法律的形式指出促进相关行业人才培养与发展。在未来，依赖于美国健全的教育制度及培养政策，工程科技大数据智能知识服务领域人才也将会产生聚集效应，吸引世界各国的科技人才为美国的行业发展作出贡献。工程科技领域涉及的农业、化学、材料、医学等得益于完善的培养体系，也会促进多学科的相互融合，满足用户工程领域专业需求与知识服务信息需求。

3.2　欧盟

3.2.1　发展战略与规划

作为具有超国家性质的区域一体化组织，欧盟需要在兼顾成员国不同发展背景及发展需求的前提下，推行统一的欧盟价值观，建设欧盟的数字主权和技术主权，打破成员国之间的数字壁垒，实现地区内的整体数字化、智能化战略转型，建设统一的数据空间，支持社会创新的再利用，更好地发挥大数据的价值，将科技研发同扩大、深化和拓展欧洲一体化紧密联系，进而服务于一体化的经济、政治、对外关系等目标，提升欧盟及各个成员国的数字竞争力。

1．全面推进数据一体化市场

欧盟一体化数字战略的主要目标是打通成员国之间的数字壁垒，消除市场碎片化，实现整体数字化转型。2015 年，欧盟委员会发布《数字单一市场战略》，将打造数字单一市场作为核心目标，整合数字化市场，为数字产业营造友好的发展环境，促进欧盟内数据要素的自由流动。2016 年，欧盟启动"欧洲开放科学云"计划，旨在增强并互联现有的科研基础设施，为欧洲科研人员提供一个跨学科领域和国界的，能够存储、共享和重复利用科研数据的虚拟科研环境，实现"泛欧门户"成员国的无障碍信息共享。2018 年 4 月，欧盟委员会发布《建立一个共同的欧盟数据空间》，明确提出在欧盟成员国之间建设统一的数据空间，促进政府公共部门数据的对外开放共享、高校和科研机构数据的获取及私营企业数据的共享。2019 年，欧洲议会发布《单一数字市场版权指令》，旨在应对互联网技术发展对版权保护的冲击，保障内容生产业高质量发展，对涉及网络爬虫、文本和数据挖掘、机器学习等创设了合理使用情形，进一步推进和完善欧盟数字市场一体化建设。2020 年，欧盟委员会发布《欧洲数据战略》，该战略包括构建数据敏捷治理的整体框架、九大核心领域统一数据空间、安全可信的数据基础设施及公民隐私权利维护和数据技能提升等，以建设全欧盟范围内通用且互联的数据空间，实现欧盟内数据的跨行业流动，进一步助推欧洲单一数据市场建立和欧盟数字一体化融合（见图 3-6）。

图 3-6　欧盟全面推进数据一体化市场相关战略

2. 积极制定数据监管规则和框架

欧盟通过在欧洲及世界各地颁布监管规则和惩罚措施，全力推进欧盟数据主权战略构建，试图逆转在全球新一轮数字革命中的劣势地位，重塑数字经济话语权。2018 年 5 月，欧盟出台了《通用数据保护条例》，它是世界上最全面的数据保护框架之一，成为欧盟各成员国数据隐私和数据保护的基本法律框架，包含对向区域外传输个人数据的广泛要求，规定只有在完全遵守隐私权的情况下，个人数据才能在欧盟以外的地区传输和处理。2019 年，欧盟正式实施《非个人数据自由流动条例》，对数据本地化要求、主管当局的数据获取及跨境合作、专业用户的数据迁移等问题作了具体规定，旨在保障非个人数据在欧盟境内的自由流动。2020 年 12 月，欧盟公布了《数字服务法案》和《数字市场法案》草案，提出了"看门人平台"概念，明令规定了数据中介服务、托管服务及大型数字网络平台的义务清单，保护消费者在线的基本权利，为建立安全负责、公平竞争的数字行业设定新的规则（见图 3-7）。

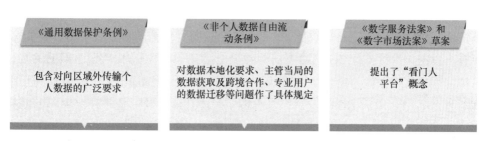

图 3-7　欧盟数据监管的相关策略

欧盟不仅制定了严格的数据保护和数据治理规则，还重视人工智能规则和伦理。从国家发展战略和法律层面建立可信赖的、安全的人工智能监管框架，创建"以人为中心"的人工智能，强调人工智能不仅仅是技术，也必须是人文的、合乎伦理道德的、惠及人类的，是增强人的能力而非取代人。2018 年 4 月，欧盟委员会发布《欧盟人工智能》，提出以人为本的人工智能发展路径和建立相应的人工智能伦理与基本法律框架，并起草制定涉及机器人、人工智能的伦理指南，以应对未来人工智能发展带来的伦理、治理、安全等方面的挑战。2019 年 4 月，欧盟委员会先后发布了《可信人工智能伦理指南》和《算法责任与透明治理框架》，提出可信人工智能应具备的 3 个基本特征：合法性、伦理性和稳健性，对可信人工智能的实现和评估作出了要求，从顶层宏观价值到中层伦理要求再到微观技术实现人工智能治理[4]。

3. 部署数字基础设施和研发高新技术

欧盟在数字主权的基础上，提出"技术主权"的概念，确保欧盟对高新技术和基础设施等研发、部署、应用具备自主可控能力。欧盟发起先进产业技术项目（ATI），对选定的 16 种先进产业技术，包括先进制造技术、先进材料技术、人工智能技术、增强现实和虚拟现实、大数据、区块链、云计算、互联技术、工业生物技术、物联网技术、微电子与纳米制造、移动技术、纳米技术、光子技术、机器人技术、安全技术等进行技术监测、政策分析与数据库建设，以服务产业政策制定。《欧洲数据战略》提出，加大数据领域投资，构建欧洲统一的云计算基础设施 Gaia-X，提高数据中心和边缘设备的计算能力，增强欧洲在数据存储、处理、利用和兼容方面的技术能力和设施建设。2020 年 3 月，欧盟委员会发布的《欧洲新工业战略》提出，通过物联网、大数据和人工智能三大技术来增强欧洲工业的数字化程度，大型企业、中小企业、创新型初创企业等均在受支持范围之内。2021年，欧盟委员会发布《2030 数字指南针：数字十年的欧洲之路》，提出构建安全、高性能和可持续的数字基础设施。到 2030 年，欧洲所有家庭应实现千兆网络连接，所有人口密集地区实现 5G 网络覆盖，并在此基础上发展 6G；欧盟生产的尖端、可持续半导体产业的产量至少占全球总产值的 20%；应建成 1 万个碳中和的互联网节点。到 2025 年，生产出第一台具有量子加速功能的欧洲量子计算机，到 2030年，欧洲处于量子领域前沿[5]。2022 年，欧盟委员会发布《欧盟委员会通用数据空间工作人员工作文件》，强调欧洲数据空间应集安全的基础设施、可靠的数据治理机制、正确的价值观、数据免费且重复使用等特征于一体（见图 3-8）。

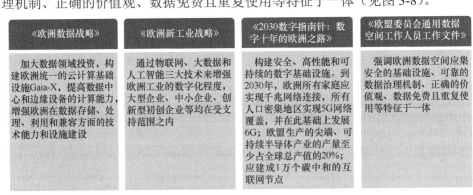

图 3-8　欧盟数字基础设施和高新技术研发相关战略

3.2.2　主要项目实践与应用

1．FIZ Karlsruhe

卡尔斯鲁厄专业情报中心（FIZ Karlsruhe）是德国和欧洲科技信息管理和服务领域的先驱，主要研究内容集中于信息服务（语义索引、聚合、链接和检索模型）、知识产权、文本和数据挖掘与研究数据管理等。由德国联邦政府、所在州政府，以及马克思·普朗克学会、弗朗霍夫学会、德国信息科学协会等许多专业学会及协会共同资助和合办，与德国及世界上 100 所知名大学、研究和学术机构成为合作伙伴。该中心注重计算机网络技术的发展，通过其核心在线服务产品——STM International——向全球提供独一无二的数据库集合，其中包括最权威的专利文献及化学数据库。该中心致力于为全世界从事化学、制药和技术领域的全球企业，以及专利律师事务所、专利局和研究机构等提供高质量的信息服务，通过与国家性及国际性机构通力合作，最终生成并提供诸多科技领域的权威数据库。其具有代表性的产品和软件包括国际联机检索服务系统（CAS STNext）、文献资料全文自动供应系统（FIZ AutoDoc）、专利监控系统（FIZ PatMon）、无机晶体结构数据库（FIZ ICSD）（见表 3-3）等。

表 3-3　具有代表性的产品和软件

产品名称	服务内容
CAS STNext	提供 130 多个科学、医学、技术和专利信息方面的高质量数据库，使用统一检索语言搜索数据库，支持文本、数字、化学结构和生物序列搜索，提供分析和可视化结果展示，还提供收费专利和科学检索服务 CAS IP Service（EMEA）
FIZ AutoDoc	是唯一可以集中计费和国际交付的欧洲文档交付代理服务，帮助用户快速订购、获取期刊文章、会议论文集、报告、书籍章节和专利文献的全文文档。覆盖全世界 20 万个 ISSN 的期刊数
FIZ PatMon	基于欧洲专利局 INPADOC 数据库和 FIZ 专利族信息，涵盖来自 60 多个国家和地区的专利局，借助 FIZ PatMon 用户友好型界面，提供多样的专利监控选项，监控专利家族的所有变化或定义独特的相关事件。支持将 FIZ PatMon 灵活嵌入组织的工作流程中
FIZ ICSD	目前包含超过 26 万个晶体结构，每年更新两次，每年增加约 12000 个结构。最古老的数据集可以追溯到 1913 年的出版物，可通过桌面版或网络版访问

FIZ Karlsruhe 与莱布尼茨等离子体科学与技术研究所（INP）合作开展

Patent4Science 项目，该项目基于链接开放数据研发专利知识图谱并建立信息基础设施，对专利知识与科学文献和其他特定领域的知识进行互操作链接，旨在提高人们对专利信息在科学研究中的认识，消除在研究中使用、访问和阅读专利信息存在的障碍。

2. OECD

经济合作与发展组织（OECD）是一个国际组织，致力于为更好的生活制定更好的政策。OECD 图书馆是 OECD 开设的在线图书馆，也是 OECD 创建的专业核心知识库，包含该组织的电子书籍、论文、表格和图表、播客和统计数据库等资源，支持用户按照关键词、主题或国别等对资源进行检索访问，帮助各国政策制定者、行政人员、研究人员和分析人员等快速、全面决策出可能实施的最佳应对措施。截至 2022 年 9 月，OECD 图书馆共出版了 17200 本电子书、95100 个章节、288710 个图表、158 个播客、2576 篇文章、6390 份摘要、8095 份工作文件和政策回应、44 个数据库中的 70 亿个数据点。

为积极应对快速数字化转型带来的发展机遇和挑战，自 2017 年以来 OECD 开展"迈向数字化"（Going Digital Project）项目，该项目旨在帮助政策制定者更好地了解正在进行的数字化转型过程，并制定连贯且具有弹性的政策，以帮助塑造积极的数字未来，在劳动力市场、贸易、金融、税收、消费者政策、中小企业、农业、卫生、公共治理、环境等特定领域提供有针对性的政策建议，并辅以分析，将所有这些不同政策领域整合成一个连贯的整体，推动经济和社会的数字化发展。截至 2022 年，该项目已进入第三阶段（2021—2022 年），旨在通过 4 组与数据相关的主题，包括数据管理、访问、共享和控制，促进跨境数据流、数据使用及其对企业和市场的影响，测量数据和数据流，来促进数据治理，使数字技术和数据为经济和社会提供更大福祉服务。"迈向数字化综合政策框架"和"迈向数字化工具包"是 OECD 在数字化转型方面的关键产品，通过对 7 个政策维度进行协调来塑造一个共同的数字未来，改善所有人的生活。这些政策维度主要包括：①访问通信基础设施、服务和数据；②有效利用数字技术和数据；③数据驱动和数字创新；④为所有人提供良好的工作；⑤社会繁荣和包容；⑥对数字时代的信任；⑦数字商业环境中的市场开放性。"迈向数字化工具包"将一套核心指标映射到 7 个政策维度中，并允许用户以交互方式探索这些数据，可使用政策维度、国家和主题 3 个切入点来探索，以评估、对比和可视化展示每个国家的数字发展状况，其现已包含 60 多个国家和地区的 700 多项人工智能政策倡议。该工具包还汇总整理了每个政策维度下的 OECD 发布的政策指导、见解及出版物等资源内容，帮助制定者设计和实施适合数字时代的政策。

3. OpenAIRE

一直以来，欧盟委员会将开放获取视为提升欧洲核心竞争力的关键举措。欧洲开放获取基础设施研究项目——OpenAIRE（Open Access Infrastructure Research for Europe）由欧盟第七框架计划资助，于 2009 年 12 月立项，用于监测和促进开放获取（Open Access，OA）政策实施。作为支持开放获取先导计划实施的配套设施，OpenAIRE 致力于建设一个最先进、开放和可持续发展的学术交流基础设施，以促进跨学科和专题领域研究成果的可发现、可获取、共享、再利用和监测，促成对科学研究成果的全面、无边界、无障碍的开放访问和获取，为研究人员、研究组织、资助机构等提供各种工具和服务。

OpenAIRE 的发展历程分为 3 个阶段：阶段一包括 OpenAIRE 和 OpenAIRE Plus，主要任务是汇集全球受资助的学术成果，建立起不同类型信息资源的联系，以加速研究，推动多学科的发展；阶段二包括 OpenAIRE 2020 和 OpenAIRE-Connect，旨在进一步增强知识组织和服务能力，完善已有数据和开放数据之间的关联、引用、语义链接，以及各种嵌入式服务，推动知识的开放、发现、重用、评估；阶段三即当前的 OpenAIRE-Advance，目标是整合升级现有设施和服务，以扩大全球开放获取、开放数据网络，使开放科学成为现实。

OpenAIRE 收录的信息资源类型已经从出版物扩大到研究数据、软件代码、资助信息，范围从欧盟第七框架计划 FP7 和欧洲研究委员会资助项目扩大到欧盟甚至全球各国各学科的受资助项目成果，从监测 OA 政策实施情况，到建立开放获取资助试点、开放数据资助试点，不断扩大全球范围内的开放获取、开放数据网络，先后建立起出版物与研究数据、资助数据及软件代码之间的联系，并与开放获取知识库联盟（Confederation of Open Access Repository，COAR）合作开发了开放仓储互操作标准，成功地将 PubMed Central、日本机构知识库（Japanese Institutional Repositories Online，JAIRO）、法国在线知识库（Hyper Articles en Ligne，HAL）、拉普拉塔国立大学知识库（La Referencia）、ArXiv 等资源集成到统一服务门户 OpenAIRE Explore 中，依托关联式大数据开发了面向不同需求方的数字设施或工具。

由于开放获取会受到政策、法律、管理、服务、技术等多种因素的共同影响，需要进行本地化运作，因此 OpenAIRE 联合 34 个国家和地区成立开放获取办事处（National Open Access Desks，NOADs）。NOADs 深入本国研究机构，主动与科研人员和管理人员沟通交流、了解需求、宣传政策、解答咨询、解决问题，小到帮助科研人员解决自存储过程中碰到的技术与法律问题，大到向科研机构或政策决策者提供开放获取政策建议，其具体承担的职责包括：宣传推广开放获取理念、政策及最佳实践；解答科研人员在存储过程中遇到的各种技术、法律问题，帮助他们完成自存储操作；帮助开放获取知识库管理员了解 OpenAIRE 提出的系统互操作性指导原则，确保元数据可以被自动收割；协助各类管理人员对科研项目成果进行统计分析；解答欧盟委员会开放获取政策的咨询，向各级决策者提供制定本地开放获取政策的建议。

3.2.3 发展现状与趋势

欧盟各成员国间数字经济区域发展不平衡，市场碎片化，跨境壁垒多，版权法规、电子商务、个人信息保护等方面均不统一。这些都成为欧洲数字经济发展所必须解决的问题。欧盟迫切需要整合各成员国力量，强化数字单一市场，建立"单一欧洲数据空间"，改善数字基础设施，积极推行欧盟核心价值观，提高公民数字基础素养、就业技能和权利保障意识，最终提升欧盟国际竞争力。

1. 发展现状

1）推动欧盟数字基础设施建设

为支持数字一体化市场目标的实现，欧盟通过欧洲互联设施计划（CEF）对数字基础设施、宽带网络等进行投资和建设，为政府、公民和企业提供基础环境。在数字基础设施使用和建设方面，2021 年欧盟城区个人互联网使用率为 87%、农村地区个人互联网使用率为 80%，每百人固定宽带接入用户数为 35 户，每个互联网使用者的平均国际宽带速率为 340kbit/s，人均移动 4G 网络覆盖率为 99%，远超世界 88% 的整体水平，居全球最高水平。在数字贸易方面，2018 年欧盟 ICT 服务（通信服务、计算机服务和信息服务）出口额为 3068.7 亿美元，占全球的 54%，是全球数字服务主要的出口来源区域[6]。2021 年，欧盟推出 Data.Europa.eu 门户网站，整合原有的欧盟开放数据门户（European Union Open Data Portal，ODP）和欧洲数据门户（European Data Portal，EDP）到欧盟及其机构和成员国建立的公共部门数据基础设施中。目前，该网站涵盖来自 36 个国家和地区、173 个目录和 13 个主题类别的超过 150 万个数据集，包括地理、统计、气象数据，以及来自公共资金研究项目的数据和数字化图书等。其战略目标是提高整个数据价值链上公共部门信息的可访问性并增加其价值，支持成员国及欧洲国家发布数据，提高对公共数据资源价值和潜力的认识，旨在改善对开放数据的访问，促进高质量的开放数据发布，帮助用户发现开放的实时数据源，支持以可重用和可发现的方式提供数据，为公民、企业和民间社会带来切实的社会效益和经济利益。

2）着力提升市场主体竞争力

从新兴互联网企业看，大多数大型科技数字平台（苹果、微软、亚马逊、谷歌、Facebook、百度、阿里巴巴、腾讯）位于美国和中国。2020 年，美国主要数字平台的净收入达 1924 亿美元，同比增长 21.1%。中国互联网公司三巨头（百度、阿里巴巴、腾讯）数字平台 2020 年累计净收入 480 亿美元，较 2019 年增长 78%。而欧盟的数字平台相对边缘化，没有世界级企业。为扭转自身劣势，首先，欧盟不断加大大数据、高性能计算、人工智能、网络安全、先进数字技能、欧洲数据空间和联合云服务市场的投资，减少对国外大型云服务提供商的依赖。2014—2017 年，欧盟在人工智能相关研究和创新方面投入了约 11 亿欧元，包括对大数据、健康、交通和空间的研究。2014—2020 年，欧盟对机器人技术的投资增加到 7 亿欧元。2020 年，欧盟签署 "欧洲电子芯片和半导体产业联盟计划"，投入 1450 亿欧元，用于发展半导体技术。其次，欧盟积极扶持本土中小企业来争取市场份额，提高欧洲在全球数字经济中的竞争力并实现技术主权。同时，通过出台政策法规等规则体系保护欧盟企业利益，对欧盟数字市场进行重新洗牌，削弱中美大型数字平台优势。欧盟于 2021 年 3 月发布的《2030 数字罗盘》中将复苏基金的 20%，即 1500 亿欧元，投资于数字领域，旨在促进新兴关键技术和数字基础设施领域的发展。在半导体和量子计算领域，欧盟计划到 2030 年，欧洲先进和可持续的半导体生产总值至少占全球生产总值的 20%，独角兽企业数量翻倍，关键公共服务和远程医疗服务 100%全覆盖。

2．发展趋势

1）重视数字人力资源培养

虽然欧盟总体信息化程度和互联互通水平处于全球领先水平，但人力资源的数字技能水平相对较低。据统计，欧盟 43%的人口缺少数字技能，17%的人口则完全没有数字技能。在劳动力中，高水平数字技术人才短缺。10%的劳动力没有数字技能，35%的劳动力没有基本数字技能，只有 3.7%的劳动力具有高级互联网技能。为提升数字人力资源，确保公民可以更好、更公平地就业，欧盟推出了"数字教育行动计划"，构建面向欧洲公民数字化能力的框架，包括信息和数字素养、交流与协作、数字内容创作、安全、福祉 5 个维度。欧盟在成员国推广教育标准和评价工具，统一数字技能认证证书，搭建在线教育平台，更新数字能力框架，纳入人工智能和数据相关技能，以提升基本数字技能应对短期变化，以培养高级数字技能迎接未来挑战，多举措并举缩小"数字鸿沟"，全面提升人口数字素养，推动到 2025 年 70%的 16～74 岁人群至少具备基本数字技能目标的实现。值得一提的是，欧盟鼓励女性参与 STEM 研究与求职来减小"性别数字鸿沟"[7]。根据研究，欧盟女性在 ICT 毕业生中仅占 20%，且只有 17%的人担任技术部门工作。2014—2020 年，欧盟分别通过欧洲社会基金、欧洲地区发展基金和"伊拉斯谟+"项目投入总额约 260 亿欧元，用于与数字人才培养相关的设备升级、课程与平台开发及师资培训等，并把数字人才培养列入欧洲投资计划的优先领域[8]。

2）积极推广欧洲核心价值观

COVID-19 大流行加速了世界数字化转型的进程，数据已成为关键战略资产，在创造和获取价值的同时，也带来了挑战，暴露出数据隐私、数据泄露、身份盗窃、电子勒索及假新闻等"信息流行病"，因此数据治理和监管显得尤为重要。欧盟以价值观为指引构建具有共识性的数据治理原则和标准，寻求以人为中心、以尊重基本权利和欧洲价值观为基础的数字政策。一方面，强调个人对数据的控制，在境内建立数字单一市场，保护个人、企业和政府数据免受数据收集、处理和商业化使用造成的滥用，设置政策壁垒抵御其他国家利用产业优势入侵欧盟数据市场，减轻过度依赖，削弱各大互联网巨头的竞争优势。据统计，在 2016—2020 年间，美国和中国占世界超大规模数据中心的一半，在人工智能领域初创企业资金占 94%，在世界顶级数字平台方面市值占 90%，而欧盟仅占 4% 的份额，搜索引擎市场也基本被谷歌覆盖（其市场占有率高达 90%）。另一方面，可以提升欧洲监管和治理模式的接受度，寻求影响全球的监管标准，争取国际数据监管体系话语权。例如，欧盟通过充分性认定框架模式推广《通用数据保护条例》，目前，已有 13 个国家和地区纳入其规则体系。截至 2018 年，欧盟以外的 120 个国家和地区中有 67 个已经采用了类似的 GDPR 法律。欧盟将坚持核心价值观，积极参与国际合作，推行透明、开放和安全的数字主权理念，不断扩大国际影响力。在数字时代，这套价值观可以增强信任和保护隐私，促进包容性数字社会和经济可持续发展，为构建新竞争优势打下基础。

3.3　英国

3.3.1　发展战略与规划

《开放数据晴雨表》（第四版）全球报告显示，在纳入评价的 115 个国家和地区中，英国在开放数据上得分居首。近年来，英国政府连续发布国家数字战略和工业科技战略规划，将英国定位为数据驱动和创新的世界领导者，抢占全球价值链高端，促进产品和服务市场转型，从而继续把握世界发展主导权。

1. 全方位构建数字英国战略体系

2009 年至今，英国政府充分结合本国特点和需求，先后发布多部大数据战略规划和配套法规以促进大数据应用和发展，重视大数据蕴含的战略价值，积极打造国家数字战略体系，把发展数字经济作为应对不确定性、发展国家经济、重塑国家竞争力的重要举措。据统计，数字行业在 2019 年为英国经济贡献了近 1510 亿英镑，实际增长率几乎是英国整体经济的 3 倍，可见数据对英国经济发展的重要性[16]。

2009 年 6 月，商业创新和技能部（BIS）与文化媒体和体育部（DCMS）联合发布《数字英国》白皮书，通过改善基础设施、推广全民数字应用、提供更好的数字保护，应对国际金融危机带来的经济冲击。2012年，英国将大数据视为八大前瞻性技术领域之首，大力投资相关科研和创新。2013年，英国政府发布了《把握数据带来的机遇：英国数据能力战略》，提出数据资产、数据分析技术和人才、基础设施等是发展大数据的核心要素，将全方位构建数据能力上升为国家发展战略。在脱欧未决之际，英国数字战略再升级，2017年发布了《英国数字战略2017》，其中要求通过多项举措释放数据潜力，创新、高效使用数据，推进政府数据开放共享。2020年，英国数字、文化、媒体和体育部发布《国家数据战略》，支持政府、社会和个人更好地利用数据，积极释放数据力量，帮助经济从新冠疫情中复苏。2022年，英国政府发布《英国数字战略2022》，旨在通过数字化转型建立更具包容性、竞争力和创新性的数字经济（见图3-9）。该战略侧重于6个关键方面：建设世界一流数字基础设施、强调创意和知识产权、培养数字技能人才、刺激初创数字企业融资、分享数字技术优势、寻求国内国际合作和对话，最终实现数字化转型，积极应对"脱欧"可能带来的经济增长速度放缓的挑战。

图3-9　英国数字战略演变

2. 抢占新兴科学技术族群优势

在国家数据战略体系的基础上，为应对新一轮科技革命，英国在保持老牌科技产业优势的同时，强化科学技术和创新战略顶层设计，扶持发展新兴技术和未来产业。2017年9月，英国发布《工业战略》，明确提出要大力发展5G技术、数字技术、人工智能和自动化技术，完善基础设施建设，并对英国未来产业发展作出规划，让英国成为全球人工智能创新中心。同年11月，英国商业、能源及产业战略部发布《产业战略：建设适应未来的英国》，聚焦新技术革命带来的全球性变化趋势，指出面临的四大挑战，包括人工智能和大数据经济、绿色增长、未来移动性和老龄化社会。2021 年 9 月，英国出台《国家人工智能战略》，描绘了短期、中期和长期详细规划人工智能投资需求、优先应用领域和合作治理等一系列关键行动。2022 年 3 月，英国研究与创新署（UKRI）发布《2022—2027 年战略：共同改变未来》，提出了构建卓越科研体系的 6 个世界级战略目标，其中指出在现有七大优势技术家族（先进材料与制造，人工智能、数字和先进计算，生物信息学和基因组学，工程生物学，电子学、光子学和量子技术，能源、环境与气候技术，机器人与智能机器）的基础上，为人工智能、量子和工程生物学等关键技术家族设立新的国家项目，支持颠覆性技术的开发和利用（见图 3-10）。此外，英国还成立了人工智能委员会和数据伦理与创新中心，旨在为政府和人工智能生态系统提供专家建议。

《工业战略》
大力发展5G技术、数字技术、人工智能和自动化技术，完善基础设施建设

《产业战略：建设适应未来的英国》
聚焦新技术革命带来的全球性变化趋势，指出面临的四大挑战，包括人工智能和大数据经济、绿色增长、未来移动性和老龄化社会

《国家人工智能战略》
描绘了短期、中期和长期详细规划人工智能投资需求、优先应用领域和合作治理等一系列关键行动

《2022—2027年战略：共同改变未来》
提出了构建卓越科研体系的6个世界级战略目标，在现有七大优势技术家族的基础上，为人工智能、量子和工程生物学等关键技术家族设立新的国家项目，支持颠覆性技术的开发和利用

图 3-10　英国新兴技术研发相关战略

3.3.2　主要项目实践与应用

1. JISC

英国联合信息系统委员会（Joint Information System Committee，JISC）是英国高等教育和技能部门建立的国家层面上支持英国教学、科研及管理的"非政府部门公共机构"，由计算机委员会（Computer Board）、信息系统委员会（Information System Committee，ISC）和高等教育统计局（Higher Education Statistics Agency，HESA）合并成立。其以云计算、共享服务、创新应用、管理信息化等领域为着

眼点，重点关注机构的教学科研、组织效率及基础设施建设等几个方面，为英国教育和研究部门及时提供全面、广泛的信息与资源，旨在通过教育和研究数字化转型来改善生活，让英国成为教育、研究和创新技术的世界领导者。

教师、研究者和学习者需要获取各种在线资源以完成教育与科研任务，然而研究机构的信息部门很难充分地满足他们查阅资料的需求。为此，JISC 已协调好多方关系，通过集体采购和递送的方式，使教育与研究机构获取了更多在线资源，还极大地提高了这些机构对技术的使用效率及成本效益。JISC Collections 堪称这一方面最为出色的服务组织。JISC Collections 的核心服务是对电子内容进行质量评估、颁发有效的国家许可证并代表教育和研究部门与相关方协商以进行集体采购等。其使命是通过传递具有可持续性在线资源的方式来支持英国的教育与研究。此外，JISC 颁发的许可证有很多有利于教育和研究部门的规定及条款，为教师、学习者和研究者较为方便地以可负担的价格获取在线资源提供了保证。JISC 可提供的资源类型及简介如表 3-4 所示。

表 3-4　JISC 可提供的资源类型及简介

资　　源	介　　绍
档案资源	提供英国数千个档案馆藏，这些馆藏来自 350 多家机构，包括搜索和过滤选项、图像和数字内容链接、存储位置地图及基于主题的在线数字馆藏描述
继续教育电子书	面向所有英国继续教育学院，其通过 ProQuest 电子书中心平台可免费访问，包括 A-level、英国商业与技术教育委员会（BTEC）课程和职业课程，以及英国普通中等教育英语和数学等
期刊库	可以访问来自 8 个出版商的 1000 多种期刊文件，8 个出版商分别是布里尔、土木工程师学会、物理研究所、ProQuest、牛津大学出版社、剑桥大学出版社、皇家化学学会及泰勒-弗兰西斯出版集团，提供在线访问、查看和下载，以及按作者、标题、ISSN 等搜索服务
历史文本	包括来自早期英语在线图书（EEBO）、18 世纪在线收藏（ECCO）、大英图书馆 19 世纪馆藏和英国医学遗产图书馆（UKMHL）的 47 万多个文本
多媒体资源	约 10 万个视频、图像和录音等内容，主要来自 ITN、Getty Images 和惠康图书馆，支持各种主题领域，尤其是人文、创意和表演艺术及传播和媒体研究

JISC 致力于信息化战略发展与政策制定，并在该领域作出了突出贡献，是国家层次的战略领导者，同时，JISC 不仅为英国的教育与研究部门制定并公布战略发展规划，在全国层面为英国的信息化作出布局，还在高等与继续教育信息化的

战略规划、政策实施、组织管理及业务流程再造等方面通过 JISC info NET 为其用户提供个性化的特别服务。2020 年英国政府发布《继续教育和技能战略 2020—2023》，旨在提升继续教育和技能部门的服务能力，积极响应其会员需求，塑造数字化未来。

2．Taylor & Francis

Taylor & Francis（泰勒-弗朗西斯出版集团）拥有长达两个世纪的丰富出版经验，过去 20 年来，其先后收购了 CRC 出版社、Informa、Dove 医学出版社和 F1000，迅速成长为世界上较大的高质量、跨学科知识的出版集团之一。至今，其每年出版 2700 余种期刊、7200 多本新书，共有 10 万多册专业图书在售，涵盖学术性期刊、图书、电子书、参考工具及文摘数据库等（见表 3-5），用户可以在最大范围内检索学术信息。其出版物拥有高质量美誉，广泛涉及人文科学、社会科学、行为科学、自然科学、经济、金融、商业管理和法律等专业领域。

表 3-5　Taylor & Francis 期刊数据库表

数据库类型	简　介
科技期刊数据库	提供超过 550 种经专家评审的高质量科学与技术类期刊，其中超过 70%的期刊被汤森路透科学引文索引收录，内容最早可追溯至 1997 年，包含化学、工程计算与技术、数学与统计学、物理学、环境与食品科学 5 个学科
人文社会科学期刊数据库	提供超过 1500 种经专家评审的高质量期刊，包括来自社会科学与人文科学先驱出版社——Routledge 及声誉卓越的 Psychology Press 出版的期刊，内容最早可追溯至 1997 年，包含艺术与人文、政治、国际关系与区域研究、教育学、心理学、战略、防务与安全研究和心理健康与社会关怀等 14 个学科
医学期刊数据库	主要收录 Informa Healthcare 出版社的医学期刊，涉及 200 余种同行评审学术期刊的内容，包括综合医疗与公共卫生、临床精神病学与神经科学、综合内科与口腔医学、药物学与毒理学 4 个主题，涵盖 30 个重要学科领域

泰勒-弗朗西斯出版集团提供了一系列内容平台，将读者与知识联系起来，具体如表 3-6 所示。它们是围绕客户需求构建的，旨在促进发现并允许用户随时随地快速、轻松地访问相关的研究信息。为支持全球卫生专业人员更好地进行科学研究，泰勒-弗朗西斯出版集团在 2022 年策划了一系列与猴痘相关的研究合集，为研究人员、教育工作者、卫生官员和公众等提供免费访问领先医学期刊上发表的文章、书籍章节等资源，涵盖药物发现、疾病治疗和预防等领域，以帮助推进抗击猴痘的研究发现。

表 3-6　Taylor & Francis 系列服务平台

内容平台	简　介
Taylor & Francis Online	提供对 2700 多种高质量、跨学科期刊的访问和搜索，包含 4814000 多篇文章，涵盖人文与社会科学、科学与技术、工程、医学和医疗保健
Taylor & Francis eBooks	世界上最大的科学、技术、工程、医学、人文和社会科学电子书集之一。允许用户在书籍和章节级别搜索电子书内容，按主题领域、出版日期和出版年份进行搜索结果过滤，并以 APA 格式创建引文，提供灵活的购买选项、主题集合和免费试用版。覆盖 34 个最热门学科领域，包括 160 多个小合集、50000 余种电子书
F1000	一家开放式研究出版商，为各种合作伙伴提供快速、透明的出版解决方案，并通过 F1000Research 直接向研究人员提供

3．Thomson Reuters Corp.

汤森路透集团（Thomson Reuters Corp.）成立于 2008 年，是由加拿大汤姆森公司与英国路透集团合并组成的图书和信息提供商，合并后成为全球最大的企业及专业情报知识服务提供商，服务领域覆盖金融与风险、法律、知识产权与科技、税务与会计、媒体五大版块。作为全球领先的知识服务提供商，汤森路透集团开创了一种金字塔式的商业模式，即以专业内容为基础，以数据库为平台，在顶层集成各种信息服务软件和终端设备，为用户提供个性化问题解决方案。以专业图书出版见长的汤森路透集团，在纸质图书出版时代，通过投资逐步建立起法律、金融、医学等领域的出版内容优势，在数字化出版时代，汤森路透集团顺应图书出版产业演化趋势，进行了信息化、网络化、数据化等原有专业数字化出版领域的并购，确立了其在专业图书出版领域的全球领先地位。汤森路透集团作为全球发展最好的专业图书出版商之一，其通过专业化纸质图书出版收购与运营带来知识与品牌的积累，以及在此基础上实施数字化转型，实现了企业经营规模扩大与盈利能力提升，成为全球专业信息出版和服务领域的媒体巨头。

汤森路透集团在大数据领域超前布局，在云计算、金融科技、人工智能、AR/VR 技术等领域大力投入，充分发挥其在金融和法律等优势领域的专业技术和专家经验优势，主要为金融、法律等专业人士提供智能信息及解决方案，成为"全球专业领域解决方案领导者"。数据挖掘、人工智能的崛起为广义出版和知识服务提供了有效出口，使内容和渠道发生了一定程度的改变。在内容方面，对知识信息不再是平面展现，而是将采集来的内容经过数字化处理，打碎重组，做成数据库，每年定期更新，同时对内容进行深度挖掘和加工之后以不同方式提供给有不同需求的用户；在渠道方面，知识信息可通过用户偏好有选择地推送，因而集中且有效。旗下的综合性、多学科、核心期刊引文索引数据库——Web of Science，包括 SCI、SSCI 和 A&HCI 三大引文数据库，是目前世界上最为全面和最为丰富的科学文献文摘索引数据检索平台。Web of Science 不仅能够提供引文检索，还能提供基于引文关系的引文分析，如链状关系和网状关系，并进行趋势预测，将引文关系进行可视化呈现等。

4．Figshare

Figshare 于 2011 年由马克·哈内尔（Mark Hahnel）创办，用于分享干细胞视频和其他非传统研究成果（NTROs），2012 年开始由 Digital Science 支持建设，截止到现在拥有近 600 万个项目，包含 20 多个一级学科类别的期刊论文、视频、图片、海报、软件、演示文稿、预印本、原始数据集、负面数据及代码等多元化、原始数据，为全球近 200 所大学、出版商、资助者、政府机构和制药组织提供存储库解决方案。Figshare 是一个基于云计算技术的在线数据知识库，利用云托管、RESTful API 和浏览器功能等新技术，以当前学术出版不具备的一种文件共享模式更好地帮助科研人员、出版商和机构保存、管理、分享他们的研究成果，简化研究工作流程，使他们的研究甚至包括初步研究，获得曝光度和认可度。Figshare 接受所有类型的文件格式，支持最大 5TB 文件直接上传，还可通过 FTP 上传器和开放 API，上传和下载文件和元数据，提供 MD5 校验以确保文件完整性，减少研究人员共享数据的障碍问题，使科研人员可以不受时间、空间限制地横向、纵向共享相关的研究数据，使其研究成果可以更好地被引用、共享和发现，为全球的科研人员提供了新的合作方式。

Figshare 以减少科学界重复研究并出版以前未发表的研究为目的，通过共享所有研究成果来推进科学研究，将所有内容编入索引，用户可在 Figshare、Google、Google Dataset Search 或 Google Scholar 及包括 Dimensions 在内的其他数据库中进行搜索，其中超过 1200 种文件类型在浏览器中可进行可视化和预览，满足用户对下载和第三方软件的需求。后期，根据社区反馈、资助者/政府/法律要求及监管要求等，Figshare 陆续开发集成了一系列功能，包括数字对象标识符（DOI）、

Altmetrics 指标、API、高级搜索、数据审查、自定义元数据、限制发布等。随着共享更大数据集及额外灵活性描述和组织数据需求的日益增加，Figshare 引入 Figshare+，收取一次性数据发布费用（DPC），用于共享大数据集，以支持特定出版物或项目的数据集和材料的共享。将 Figshare 数据共享成本纳入数据管理计划，可从项目资助预算中支出。Figshare 还提供多种数据许可选项和元数据。

3.3.3 发展现状与趋势

1. 发展现状

2020 年英国正式脱离欧盟，以主权国家身份重新对外建立新的政治经济关系，面临从欧盟获得的科研经费锐减、研究人员大量流失、其他科技大国的挑战增大等问题。为及时摆脱"脱欧"带来的以上负面影响，英国出台了一系列顶层战略规划，加大科学研究和技术创新力度，力保科研强国地位，同时政府参与制定和实施产业发展战略，支持高新技术研发，努力建设世界先进的数字基础设施，构建适应未来的发展模式。

1）建设世界一流的数字基础设施

英国高度重视下一代数字基础设施建设，把数字基础设施视作国家数字化转型的关键推动因素。2013 年，英国启动"国家信息基础设施建设"（NII），并将这一任务上升到数据战略高度。此后，英国陆续出台了一系列政策文件对 NII 进行迭代和评估[9]。NII 的主要成果是在英国国家数据门户网站 Data.Gov.UK 上公布数据清单。Data.Gov.UK 上的数据集已达 52631 个，涉及环境、政府开支、社会、测绘、健康、政府、数字化服务绩效、教育、商业与经济、犯罪与司法等十四大主题，提供搜索查询、多种方式排序等服务。2020 年，英国发布《国家基础设施战略》，开始推行基础设施革命，从根本上提高英国基础设施的质量。2020 年，英国推出 5G 多元化战略，投资 2.5 亿英镑用于建立国家电信实验室和资助开放式网络生态系统 SONiC 的研发等，确保网络的安全性和弹性。2021 年 3 月，英国数字建设部启动千兆计划，投资 50 亿英镑，同时通过实施 10 亿英镑投资共享农村网络计划，提高网络覆盖范围和质量，计划到 2025 年年底将 4G 覆盖到英国 95% 的陆地。此外，英国政府还为 5G 测试平台和试验计划投资 2 亿英镑，以确保英国处于全球 5G 创新的最前沿。截至 2022 年，英国在改进数字基础设施方面取得了巨大进展，超高速宽带（superfast）覆盖率上升到 97% 以上，千兆宽带（gigabit）覆盖率超过 67%，已为 741000 个场所提供了千兆宽带连接。此外，英国 92% 的陆地至少被一家运营商的 4G 信号覆盖，通过实施共享农村网络计划将为 280000 处房舍和 16000 千米道路提供移动覆盖。

2）形成了良好的人工智能培育环境和"学院派"特色

DCMS 在 2013 年对 940 万个在线招聘广告进行分析预测，指出数据分析技术将成为增长速度最快的数字技能，预计人才需求量在未来 5 年内增长 33%。这表明社会对数据科学和机器学习的高级应用需求呈指数级增长。英国凭借其自身在研究、投资和创新方面的特殊优势，教育培养、吸引招募高科技智能人才。一是将科学、技术、工程和数学教育（STEM）学科嵌入正规高等教育培训"新人才"，采用普通中等教育（GCSE）、高中课程（A-Level）、职业技术教育（T-Level）等方式提升下一代的基本技能水平。2019 年，DCMS 和人工智能办公室宣布为学生办公室提供 1350 万英镑人工智能奖学金，以支持数据科学和人工智能的学位转换课程计划，将在 3 年内培养至少 2500 名毕业生，在 2023 年期间将再提供 2300 万英镑，最大限度地帮助包括女性、黑人和残疾人在内的群体接触到人工智能和数据科学。此外，英国教育部对师资力量进行培训提升和考核，以保证教育水平。二是联合高校、企业合力对现有成年人劳动力进行必要的数据技能培训，优先培训数据伦理、基本 IT 技能，以及领导力、项目管理和行业专业知识等硬数据技能。2020 年，DCMS 宣布通过英国国家技能基金项目推出在线门户网站以支持企业获得数据培训技能，帮助中小型企业获得与其技术数据科学能力相匹配的优质在线培训材料。三是通过全球人才签证、全球人才网络吸引各地高技能人才，解决高技能人才不足的问题。

2. 发展趋势

1）建立最受信任的人工智能治理系统

随着人工智能技术的蓬勃发展及在社会生活中的广泛应用，伦理风险、隐私泄露、数据安全等问题引发了诸多争议。2021 年，英国发布的《人工智能晴雨表》中指出，需要进一步关注低质量数据可用性、政策和实践不统一，以及人工智能和数据使用不透明 3 类问题，尤其是人工智能支持决策的可解释性会严重损害公众和组织的信任，抑制创新工作。为此，英国成立了人工智能发展委员会、数据伦理与创新中心、人工智能发展办公室等相关机构，来推动人工智能的发展，以保持在人工智能领域的领先优势。在国家政策层面，英国政府利用其在数据基础设施方面的优势，发布开放、易于查找和适用机器学习且更高质量的公共数据集，设立地理空间委员会以改进广大用户对地理空间数据的访问，为数据共享和使用提供法律保障，同时探索安全、公平的数据传输框架与机制。在基础研究上，英国依托高校优势，保持了最强的人工智能研究能力，始终处在研究热点的前沿。在落地应用方面，英国的人工智能公司数量位居世界第三，仅次于美国和中国，包括 DeepMind、Graphcore、Darktrace、BenevolentAI。而且自 2014 年以来，英国政府通过一系列举措向人工智能领域投资超过 23 亿英镑，积极推进与医药健康及护理领域人工智能诊断、自动驾驶、金融服务等行业的深度融合，如投资 2.5 亿英镑用于开发英国国家卫生服务数字化系统，以加速人工智能在健康和护理领域的安全采用。英国国家科研与创新署将通过启动国家人工智能研究与创新计划来支持英国人工智能能力的转型。该计划将把英国从一个丰富但孤立且以学科为中心的国家人工智能格局转变为一个包容、相互联系、协作和跨学科的研究和创新生态系统。未来，英国将继续以发展人工智能作为支持科技发展的首要任务，侧重于促进人工智能以负责任、安全和信赖的方式良性发展，在治理和监管制度上跟上人工智能快速变化的需求，保护公民的数据安全及权利，在跨境数据使用和数字标准规范上进一步推动全球社会达成更广泛的国际共识。

2）数据服务专业化和多样化发展

为满足各行各业的研究人员、数据用户和数据所有者对当前和未来的数字化需求，英国在数据管理、数据保存、数据访问、用户支持和能力建设等方面积极开展合作和实践探索。自 2012 年以来，英国数据服务平台与埃塞克斯大学、曼彻斯特大学、南安普顿大学、伦敦大学学院和爱丁堡大学等建立起战略合作伙伴关系，为服务用户提供全方位的国际服务。同时，凭借他们的综合专业知识，共同为国家和国际层面就数据治理、道德和保密性提供建议。为保证研究的可复制性，英国数据服务平台（UK Data Service）与 DataCite 和大英图书馆进行合作，帮助研究人员和数据存储者正确引用数据，从而实现数据集合的真正价值和影响，确保数据遵循可查找、可访问、可互操作和可重复使用的公平原则，从而提高数据的质量和可复制性。同时，英国数据服务平台与 HMRC Datalab 和国家统计局安全研究服务办公室展开密切合作，帮助开发包括 5 个安全框架在内的安全研究协议，以便在保护机密性的同时实现对数据的安全访问。2020 年，英国数据服务平台参与开发了 CoreTrustSeal，规定了可信数据存储库的国家要求，取代了数据批准印章（DSA）认证，还创建了 SafePod 网络（SPN），该网络使更广泛的地理研究能够访问敏感数据。此外，英国数据服务多年来一直成功地提供虚拟数据支持和数据管理培训，帮助用户了解、访问、管理和探索使用大型国家调查、人口普查或定性数据，并提供多层次的数据使用需求和技能需求服务。同时，英国政府高度重视数据发展，把"数据"和"人工智能"并列，提出发展"人工智能与数据经济"。在国家政策和用户需求的双重驱动下，数据服务向着多样化、专业化、高水平及安全性方向演化和发展。

3.4　日本

3.4.1　发展战略与规划

日本政府在日本工程科技大数据智能知识服务业的发展过程中发挥了极大的推进作用，一方面通过立法、制定政策和战略计划等发挥国家宏观政策与战略引领作用；另一方面通过《科学技术基本计划》等资金支持以及设立组织机构等主导和支持科技服务创新型国家建设，同时通过立法等保障产、学、研、官合作互促和协同创新（见图 3-11）。

1. 注重国家宏观政策与战略引领

日本政府十分重视顶层设计，通过加强国家政策和战略等方面的引导和扶持，强化技术应用以促进国家科技创新发展。在工程科技大数据智能知识服务发展方面，日本政府非常重视大数据、云计算、人工智能、信息通信技术、知识技术等战略，并将其开发应用作为战略重点，围绕科学技术的革新作用，塑造未来知识的创新能力，以提升日本的国际竞争力。

在促进大数据与信息服务业发展方面，日本政府积极推动"IT 立国战略"，自 21 世纪初期起先后发布 "e-Japan" "u-Japan" "i-Japan" "Active Japan ICT" "Smart Japan ICT" "Society 5.0"（见图 3-12）等系列重大国家发展战略[10]，在强化信息化基础设施建设的基础上，形成前后衔接、循序渐进的信息服务业战略体系，有效促进了大数据、人工智能等新兴信息技术的广泛应用。

图 3-11   日本促进工程科技大数据智能知识服务发展的策略

图 3-12   日本信息服务相关重大国家发展战略演进

在发展信息产业战略构想的基础上，日本自 2010 年以来相继提出大数据、人工智能等相关战略（见图 3-13），如在 2012 年 7 月推出的《面向 2020 年的 ICT 综合战略》，将大数据应用所需的智能技术开发作为重点，促进大数据在农业、医疗、交通等行业的创新应用，以实现农业及其周边相关产业的高水平化，使农业经营体能够共享经过积累和分析处理的农业现场相关数据及新技术；实现医疗信息联网；解决交通拥堵等问题。2013 年 6 月，日本内阁发布《创建最尖端 IT 国家宣言》，提出在 2013—2020 年间以发展开放公共数据和大数据作为新的发展战略，重点促进日本公共数据的开放应用、跨领域流通和创新应用。2019 年 6 月，在大阪举行的 G20 峰会上，日本政府推出"可信赖的数据自由流通"（DFFT），意在促进海量数据的跨国界自由流通。2020 年 7 月，日本政府发布《综合创新战略 2020》，阐述了日本开展科技创新的年度路线方针；其中，在构建支持社会 5.0（Society 5.0）的基础设施方面，提出要落实 DFFT 理念，整合不同领域产生的数据，以创造新的价值。2022 年 4 月，日本内阁发布《人工智能战略 2022》，旨在加快人工智能技术在日本的发展与应用，重点开发并应用数字孪生技术，推进公共基础设施数字化，促进人工智能在食品、能用、医疗、教育等可持续发展领域的应用。

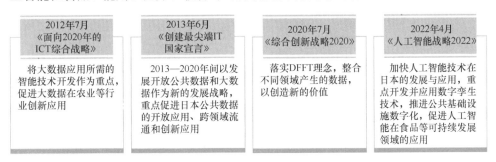

图 3-13　日本大数据智能与知识服务相关国家发展战略

2. 强化科技服务创新型国家建设

在科技大数据与知识服务创新发展方面，日本实施了一系列以知识和创新为基础的激励服务创新的政策措施，将科技服务业提升至国家发展战略层面，并通过选择性激励和扶持软件产业与数据库服务业来带动科技信息服务业的发展。例如，2007 年日本经济产业省发布《服务业创新发展和提高生产率报告》，指出要制定服务科学和服务工程的技术发展蓝图，研究知识搜索、分析和传播的最佳方法，并建立具体的服务模式，协助学术界及业内人士简单、高效地获取信息（见图 3-14）。2015 年日本内阁发布的《第五期科学技术基本计划（2016—2020 年）》中，明确指出为实现推进科学技术创新发展，政府将加大力度收集、分析和研究各领域客观数据，建立开放科学的推进机制，促进公共资助研究成果的共享共用，并在此基础上推进科技政策的制定、实施和评价。2021 年日本内阁发布的《第六期科学技术基本计划（2021—2025 年）》中，提出要深化学术研究系统的数字化，以获得高质量科学数据，并对战略性研究数据进行管理和应用，同时在此基础上完善大数据和人工智能驱动型学术环境的建设，促进开放科学和数据驱动型研究，具体包括促进科学数据共享、配备下一代情报基础设施、设备远程化和智能实验室建设等加速科学创新研究的措施。2021年10月，日本科技政策研究所（NISTEP）发布《2021科技创新白皮书》，在增强科技创新基础能力方面，提出要夯实知识基础，战略性强化支持研发活动的共性基础技术、设施/设备和信息基础设施，推进开放科学等相关计划。

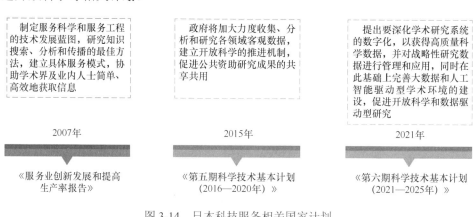

图3-14　日本科技服务相关国家计划

3. 产、学、研、官合作互促和协同创新

日本科技服务业建设上升到国家发展战略层面始于第二次世界大战后，日本为助推国家重建与经济社会发展，实施了"科技创造立国"战略。日本政府通过立法和制定倾斜性、保护性政策，直接干预科技信息服务业的发展。近年来，日本先后出台了《综合研究开发机构法》《科学技术基本法》《科学技术基本计划》《日本知识产权战略大纲》《知识产权基本法》《促进大学等的技术成果向民间事业转移法》《中小企业基本法》等法律法规，确立了政府在科技服务发展中的主导地位[11,12]。

3.4.2　主要项目实践与应用

日本科技信息服务活动紧密结合社会经济发展需求，主要经历了战后复兴期、经济高速发展时期、在线数据服务转型期和国际化发展时期4个阶段。其科技信息服务体系主要由政府主导的国家及地方科研机构、高等院校及地方图书馆、社会社团中介组织等构成。其中，在科技信息机构服务科技创新发展研究方面，主要以日本科学技术振兴机构（JST）和国立情报研究所（NII）为主，主要的大型科技信息服务平台有 JST 研发的 J-GLOBAL、NII 研发的 CiNii Research 等[13,14]。

1．J-GLOBAL

为支撑创新创造过程中跨领域、跨行业的知识协作，日本独立行政法人科学技术振兴机构（Japan Science and Technology Agency，JST）收集、整理并提供文献、专利、研究人员、研究机构、研究项目、化学物质等与科学技术有关的各种信息。为提高用户检索信息的精确度、可信度和易用性，根据服务经验和用户的宝贵意见，JST 构建了一个"综合科技链接中心"（J-GLOBAL，见图 3-15），作为一种将互联网上的各种科技信息横向"连接"起来的新服务，以促进知识的关联发现。

图 3-15　日本科学技术振兴机构研发的科技资源数据库 J-GLOBAL 首页

J-GLOBAL 利用 JST 积累、管理的多个类别（文献、专利、研究人员、研究项目、科学技术用语等）的信息（元数据），通过设定通用关键词并采用链接来连接各类信息，辅助信息高效、精确发现。例如，着眼于某个文献，以作者姓名为关键词检索研究者的信息，同时以该研究者姓名为关键词检索申请的专利等信息，通过追溯信息间的关联关系，提供链接服务[15]。

J-GLOBAL 收录的数据资源基本信息如表 3-7 所示，各类资源总量约 8000 万条。其中，收录约 34 万名研究人员的基本信息；收录文献可以检索 1975 年以来收集的国内外论文约 6074 万条；专利数据约 1490 万件，可检索和阅览专利全文。此外，J-GLOBAL 还将来自 arXiv、bioXiv、medXiv 等预印本平台的预印本元数据信息进行了关联与链接，并提供在线翻译服务。

表 3-7　J-GLOBAL 收录的数据资源基本信息（截至 2022 年 11 月 1 日）

类　　别	收　录　内　容	收录数量	来　　源
研究人员	日本及海外从事研究活动的人员姓名、机构、职称、领域、发表论文等信息	34 万名	researchmap
文献	日本及海外主要科学技术、医学、药理学领域文献信息（期刊、公报、报告等）	6074 万条	JDreamIII
专利	专利局公布的专利信息的著录信息	1490 万件	J-PlatPat
研究项目	研究主题、研究领域的研究大纲、实施期间、研究人员等信息	2 万条	JST 项目·数据库
机构	与科技、医学、药学等领域相关的国内高校、事业单位、企业、研究所等名称、代表、地点、业务概况等信息	86 万个	J-GLOBAL
科技术语	包含与科技术语相关的同义词、相关术语、上位词、下位词等，可以作为科学技术词典使用	33 万字	J-GLOBAL
化学物质	涵盖有机化合物及其混合物，包括日文名称、英文名称、法规编号、结构信息等	377 万件	J-GLOBAL
基因	发布了 HOWDY-R（人类有组织的全基因组数据库）的遗传信息。记录基因的正式名称、正式名称以外的常用名称、基因类型、基因位点等	6 万条	HOWDY-R
资料	国内外杂志、会议论文集、公共资料等名称、出版频率、出版机构等	17 万本	J-GLOBAL
研究资源	日本国内外大学和公共研究机构持有的数据库信息、软件、材料、研究设备等研究资源的概要和位置信息	2500 项	Integbio

J-GLOBAL 于 2009 年以试行版公开上线服务并于 2012 年 9 月正式上线运营。J-GLOBAL 自开始提供服务以来，每月访问量在 400 万～500 万人次。

自 2020 年以来，JST 投入预算超过 1200 亿日元/年，在提供科技信息保障的同时，全面推动知识创造和知识利用，并开展战略性国际合作。

2. CiNii Research

为推动更广泛的学术界研究和教育，日本国立情报研究所（National Institute of

Informatics，NII）以推动情报学发展、更好地为社会及公共事业服务为目标，在情报学及相关领域中，从信息学基础理论到人工智能、大数据、物联网、信息安全等前沿领域，全方位开展长期的从基础理论、研究方法到实际应用等各方面的综合研究，同时，作为信息系统研究机构成员，还致力于综合信息处理及推动高端学术信息网络系统建设，提供学术内容和服务平台以及科学数据基础设施等。

在学术信息服务方面，NII 推动了网络科学基础设施（CSI）的形成和运维，主要通过 CiNii Research（NII 学术信息服务门户，见图 3-16）和学术文献联合编目系统（NACSIS-CAT/ILL）、电子资源数据共享服务系统（ERDB-JP）、NII 机构知识库项目（NII-IRP）、学术机构知识库（IRDB）、日本开放获取知识库联盟（JPCOAR）、GakuNin RDM、SPARC Japan 等提供基础设施、云平台、科技资源及学术交流与合作等学术信息服务，以促进学术信息传播与开放获取[16]。

图 3-16　日本国立情报研究所研发的科技资源数据库 CiNii Research 首页

其中，CiNii Research 是 NII 联合各大学图书馆、研究机构及学术团体等共同创建的基于网络并可以提供综合学术信息的服务系统。CiNii Research 旨在搜索和发现日本研究项目产生的出版物和数据集，其提供的学术信息资源主要包括：学术论文、学位论文、科学数据、图书及杂志目录信息、研究项目及成果信息、机构知识库（IRDB）、元数据及 API 服务等。CiNii Research 检索界面设置简单，用户可以轻松地交叉检索文献，还可以交叉检索来自外部合作机构和机构存储库的科学数据、研究项目数据等。CiNii Research 可检索的范围包括日本链接中心（JaLC）、日本机构知识库（IRDB）、国立日本语语言学研究所（NINJAL）、信息学研究数据库（IDR）、DBpedia 等的论文和数据信息，日本期刊索引（NDL）、日本国立图书馆数字馆藏（NDL-Digital）、Crossref、Ichushi Web、Nikkei BPl、CiNii Articles 等的论文，以及 CiNii Books 书目数据库、CiNii Dissertations 学位论文数据库、KAKEN 项目数据库等。其中，CiNii Articles 包含多个数据库的论文，总量在 2200 万篇以上；CiNii Books 书目数据库通过 NII 提供的学术文献联合编目系统（NACSIS-CAT/ILL）可以检索日本 1300 余所大学图书馆及研究机构约 1300 万种、1.43 亿册图书；CiNii Dissertations 学位论文数据库收录日本大学和国立高等教育学位与质量提高研究所授予的日本博士学位论文信息，总量约 60 万篇；KAKEN 项目数据库收集了日本文部科学省和日本学术振兴会 JSPS 资助的科学研究资助项目信息及研究人员信息。

CiNii Research 收集与日本研究项目相关的元数据（目前主要聚焦于成果、研究人员和研究项目），在对元数据聚合后从中提取研究实体及其关系，并使用永久标识符和名称消歧技术对其进行识别；同时，CiNii Research 还构建了大规模的学术知识图谱，通过知识图谱节点索引为研究实体提供发现服务。CiNii Research 已成为日本最大的综合性学术信息数据库，不仅能检索日语论文，还能检索英文及其他语言的文献，受到用户青睐。

3. NIMS

NIMS（National Institute for Materials Science）是日本国立材料研究所的门户网站，其以日本国立材料科学研究所为基础，旨在通过承担材料科学与技术的基础研究、材料研发、成果转化与推广应用、设施设备共享、技能培训等相关项目，提高日本材料科学的技术水平。

日本国立材料研究所被公认为材料科学领域最具影响力的日本研究机构。NIMS 拥有研究人员概览数据库"SAMURAI"、材料数据库"MatNavi"、材料数据存储库"MDR"及无机材料数据库"AtomWork-Adv."等（见图 3-17），材料大数据资源丰富，支持以搜索、浏览等形式呈现给用户，帮助用户找到材料科技领域所需的数据资源，同时开发了多种知识服务工具，如复合材料设计与预测系统等，帮助用户完成相关材料的设计。

一个数据库站点，用户可以在其中通过领域关键词等搜索浏览NIMS研究人员的个人资料信息

"全球最大的材料数据库"，对材料的选择、使用和开发大有裨益

一个材料数据存储库，可以让用户从样品、设备、方法等信息和记录数据的全文中检索所需的文件和数据，并自由浏览

付费数据库，包含从科技文献中提取的无机材料的晶体结构、X射线衍射、属性和相图数据（提供72小时免费试用）

图 3-17　日本国立材料研究所开放数据库

其中，SAMURAI 是日本材料领域专家学者电子数据库，旨在向公众介绍 NIMS 研究人员及其工作。用户可以按研究人员姓名、隶属关系、研究领域、出版物或领域关键词等进行检索，快速找到相关研究人员，进而快速找到所需资源，其相关研究成果可以链接到出版商的网站和 NIMS 数字图书馆，以便快捷阅读。该数据库具有允许研究人员编辑和导出各种格式数据的功能。

MatNavi 被认为是材料选择、使用和开发利用领域最大的材料数据库（全球），旨在帮助开发新材料并选择材料。MatNavi 包括高分子材料数据库（化学结构、聚合、加工、物理特性、核磁共振谱等）、无机材料数据库（晶体结构、相图、物理特性等）、金属材料数据库（密度、弹性模量、蠕变特性、疲劳特性等）、电子结构计算数据库（基于第一原理计算的能带结构）等，是由十几种材料数据库组成的统一数据库系统。此外，MatNavi 还提供复合材料设计与性能预测系统、金属分离预测系统、界面键合预测系统等知识应用服务，通过可视化的界面帮助用户完成相关信息的预测。

MDR（Materials Data Repository）是材料数据存储库，用于收集、存储和发布论文、会议演示材料等材料领域的科技大数据。用户可以从样品、设备、方法等信息（元数据）和记录数据的全文中搜索所需的文件和数据，搜索结果以文字和图片的形式展现给用户，用户能自由浏览和下载数据。

AtomWork-Adv.是无机材料数据库，同时也是付费数据库，除提供材料相关数据外，还提供数据分析工具服务。相关数据包含从科技文献中提取的无机材料的晶体结构（约 35 万条）、X 射线衍射（62 万余条）、属性（43 万余条）和相图

（4.5 万余条）数据，可以按化学成分、化学式、物质名称、原型、属性名称等进行数据检索。

3.4.3　发展现状与趋势

1. 发展现状

20 世纪 90 年代，日本经济因泡沫破裂而进入衰退期，加剧了老龄化、劳动力缺失等社会问题的出现。为此，日本政府出台了一系列信息化战略，推动科学技术创造立国。2016 年，日本政府又推出"社会 5.0"战略，以最大限度地应用信息技术，通过网络空间与物理空间的融合，构建超智能社会，其中，人工智能、物联网作为新兴技术被要求在各行各业广泛应用，其畅想借助大数据管理平台，将各种知识与信息连接并实现互联互通和共享，以助力日本社会转型发展。在科技大数据建设与智能知识服务方面，日本通过制定相关的政策法规支持科技信息服务业发展，主要以国内市场为主，重点加强了科技信息网络建设，并不断提升科技信息资源的整合和共享水平。

1）政府对科技创新的重视能够有效发挥推动作用

日本政府十分注重科技创新研发，并加速前沿数字领域的落地和应用。2020年，日本科技研究经费总额超过 19 万亿日元（约合 1.03 万亿元人民币），占日本GDP 总额的比重为 3.59%，仅次于韩国，位居全球第二。在具体重点投入领域方面，日本近年来对人工智能等前沿领域的投资不断增加，2020 年，日本与人工智能相关的初始预算为 1314 亿日元，为技术研发、成果转化及推广应用等提供了较为充足的资金保障。随着社会全球化、数字化、人工智能和生命科学的快速发展，跨学科合作研究和跨领域知识融合将是解决日益复杂的社会问题的重要途径。在研究能力强化方面，日本尤其重视跨领域人才的资金支持和培养，鼓励女性研究者作出贡献，支持博士生的综合性研究；在下一代人才培养方面，日本更是制定了引领下一代科技领域人才综合培养计划，在中小学教育阶段即重视科学兴趣的培养和提高，并将信息技术、人工智能等新兴技术引入教育体系。日本政府通过政策制定主导科技服务业的发展，其政策方向非常具体和明确，有效引导了科技服务业的发展轨迹和重点领域，并有利于政府部门进行有效控制和评价。例如，

《第五期科学技术基本计划（2016—2020 年）》《第六期科学技术基本计划（2021—
2025 年)》《2021 科技创新白皮书》《人工智能战略 2022》等都对科技大数据积累、
开放共享和有效利用提出了要求。

2）信息通信产业的发展夯实了基础设施建设

日本是世界上信息化程度最高、网络信息技术最发达的国家之一。近年来，
日本信息服务产业发展相对比较稳定，日本贸易振兴机构（JETRO）统计数据显
示，2019 年日本信息通信技术产业在全球市场中的占比为 6.4%，除欧盟（19.1%）
外，排名仅次于美国（31.3%）和中国（13.0%），是世界第三大市场；ICT 产业是
日本经济的主要产业之一，2018 年日本 ICT 产业 GDP 为 44.2 万亿日元，占所有
行业 GDP 总额的 8.7%，仅次于商业（61.4 万亿日元）和房地产业（59.4 万亿日
元）。从 ICT 产业结构来看，信息服务业在 ICT 产业中的占比达 40%以上，对日
本经济发展发挥了有力的促进作用，其对经济增长的贡献率维持在 0.7%左右。在
信息处理和服务方面，日本经济产业省指定服务业实况调查数据显示，2018 年日
本从事信息处理和服务的实体单位数为 9855 家，从业人员为 31.07 万人。在以人
工智能、物联网、大数据等新兴技术应用为特征的日本超智能"社会 5.0"战略的
推动实施下，随着宽带网络的快速普及、移动通信技术和网络用户的快速发展，
图书情报机构及大学图书馆等积极自建信息系统、机构知识库、数据库等来扩大
科技信息共享，数据将取代资本连接，推动工程科技大数据建设；人工智能等技
术的发展进一步推动数据库系统建设，以及资源智能检索、数据的开放获取和知
识的共享，助推精准知识服务，驱动科技创新发展。

3）建立了独具特色的科技资源开放共享体系

日本根据国内发展战略需求，十分重视科技资源的整合和开放共享，建立了
独具特色的科技资源开放共享体系。日本科技资源建设以政府干预为主导，产、
学、研、官紧密合作，以国家发展战略有效推进为契机，在大力发展科技信息网
络 SINET 的同时，提高了科技文献的网络信息化程度，有效推动了科技信息资源
的开放共享。2013 年，JST 和 NII 协商发布公共资源的学术论文共享政策，促使
日本科研课题产生的期刊论文在网络上免费共享。同时，日本非常重视科技信息
资源的数字化工作，通过引进下一代图书馆集成系统进行有效的集成管理，实现
国立国会图书馆和其他图书馆提供信息的无缝搜索[17]；构建的全国学术情报网

CiNii Research 可检索日本学术期刊论文、博士论文、1200 个大学图书馆馆藏书目信息、学术机构知识库数据库、项目数据库、电子资源库等资源信息。

2. 发展趋势

1）科技大数据建设系统化、集成化

随着信息化的不断推进，日本对科技资源的数字化建设十分重视，并在数字资源建设方面取得长足的进展，促使日本工程科技大数据建设向系统化和集成化方向发展，并不断向软件化和服务化方向演进。日本国立国会图书馆除提供馆藏检索服务外，还提供全国其他图书馆和学术机构收集的资料和数字资源[18]。此外，为促进研发活动的高效开展，在 NII 及 JST 的引领下，日本已形成稳健的科技大数据保障支持体系。NII 系统性地收集科技创新学术信息，并对其进行知识组织和发布，如 CiNii Research 数据库可提供科技图书、期刊、论文等信息的检索；NII 努力提升学术信息网络 SINET 的速度至 100Gbps，有效支持了高校及研究机构的整体通信水平，促使 NII 联合日本国内大学图书馆建成学术文献联合编目系统（NACSIS-CAT）以及机构知识库数据库（IRDB）和开放获取机构知识库联盟（JPCOAR），并为高校提供基于云计算的机构知识库环境服务（JAIRO cloud），以保存和传播学术研究成果[19]。随着各数据库系统功能和数量的增加，数据库系统不断集成化，目前 NII 研发的 CiNii Research 和 JST 研发的 J-GLOBAL 成为日本科技大数据的两大中心。除情报机构收集、加工、整理并建设日本和国外有关科学技术的文献、专利、学者和学术活动的科技大数据外，部分学科领域也各自建立了领域及机构科技大数据，如日本农林水产省（MAFF）开发并运行农林水产领域的学术网络 MAFFIN，至今已有约 80 家研究机构连接到该网络，提供图书、期刊论文、统计数据、研究工具等各种研究服务，并进行学术信息的有效传播[20]。日本环境省（MOE）运营的自然保护研究机构网络 NORNAC，已有 54 家机构参与，旨在促进信息交流和信息共享。

2）人工智能等新兴技术推动知识服务智能化

继信息通信技术、大数据技术之后，日本政府进一步将人工智能、物联网和机器人提升到国家发展战略。日本科技信息服务界对人工智能、机器学习等新兴技术的研究起步较早，且涉猎广泛，主要围绕科技文献数字化系统、信息数字化、

智能检索、图像检索、可视化展示、关联搜索、智能问答、精准推荐、光学字符识别（OCR）等开展研究和应用。例如，日本国立国会图书馆于 2013 年成立了人工智能实验室，进行先进信息技术的研发和推广应用，其研发的"下一代数字图书馆"将机器学习和国际图像互操作性框架应用到搜索引擎，可支持全文搜索和图像搜索两大功能；研发的 MIMA 搜索通过检索内容的语义关系进行数据挖掘，通过网络关系拓扑图的方式进行可视化展示；研发的电子阅读支持系统，通过关联外部资源提供关联搜索服务和推送服务[20]。此外，日本名古屋大学图书馆发布了基于人工智能的聊天机器人，辅助用户检索和提问。在 OCR 方面，日本人文开放数据共享使用中心（CODH）发布了日本经典 Kuzuji 数据集，为方便古籍草书识别，基于深度学习、机器学习等技术开发了 AI Kuzuji 识别 App——miwo，提供草书文本识别服务[22]。在医学领域，采用人工智能进行医学图像处理，并将数据作为未来医学图像和人工智能应用研究的方向。由此可见，基于需求导向的人工智能技术应用于知识服务的智能化将是未来大势所趋。

3）高端复合型科技信息服务人才促进知识服务全球化

日本在科技大数据建设与知识服务中着眼于全球化和国际化，全面实行开放式创新。日本不仅在国家层面制定了人才强国战略，情报研究机构、大学等创新主体都十分重视人才培养和引进，除吸引外国留学生外，还通过移民政策、高薪、国际合作计划等吸引外国优秀人才。JST 在人力资源开发方面，指出要在每个业务中培养有国际化主人翁意识的人才，培养具备国际对话能力，能够从全球视野积极推进业务的人才；同时，通过国际项目，邀请海内外优秀青年参与项目研发，以期未来引进海外优秀人才。NII 通过积极与外部机构合作，推动科学研究与试验发展实践，形成了"企业—政府—大学"三级合作机制，建立了与大学、科研机构和国际组织广泛合作的网络，培养了大批信息技术人才。在国际化人才培养方面，NII 通过会议、培训、国际交流项目、实习生、在线课程等形式，开展广泛的国际化人才教育，保障了研究项目国际化进程。目前，日本学术信息网络（SINET）已连接到美国、英国等多个国家，农林水产省研究网络（MAFFIN）连接到菲律宾，均已成为日本国内外科技信息传播主干网。由日本科学技术情报中心（JICST）和美国 CAS、德国 FIZ 联合建立的国际科学技术信息网络（STN）提供的数据库已达数百种，包括知识产权、化学、生命科学和医学、药理、工程与技术等各领域的期刊文章、化学结构、专利、会议论文集、生物序列等。

3.5　小结

本章分别论述了国际工程科技大数据智能知识服务研究较为活跃的主要国家和地区的发展现状，重点选择美国、欧盟、英国、日本，对其在工程科技大数据智能知识服务方面的发展战略与规划、主要项目实践与应用，以及发展现状与趋势进行论述。

（1）在发展战略与规划方面，美国稳步实施"分步走"战略，打造了大数据创新生态系统，重视发展智能技术，以掌握未来技术的主导权；欧盟推行跨国共建共享模式，以打破地区间数字壁垒，大力投资数字欧洲计划，重点发展"以人为本"的智能技术；英国重点投资人工智能等前瞻性技术，助力科学研究落地，加强数字人才建设，以提升数字技能和素养；日本以政府主导型政策与战略引领著称，强化科技服务创新型国家建设。

（2）在主要项目实践与应用方面，选择了美国能源部科技信息办公室科技大数据门户 OSTI.GOV、美国科技信息门户 Science.gov 和美国国家医学图书馆门户，欧盟 FIZ Karlsruhe、OECD 和 OpenAIRE，英国 JISC、Taylor & Francis、Thomson Reuters Corp. 和 Figshare，以及日本科学技术振兴机构研发的 J-GLOBAL、国立情报研究所研发的 CiNii Research 和日本国立材料研究所科技信息门户 NIMS 等综合性科技大数据服务平台，进行了资源、服务、成效等方面的调研和分析。

（3）在各国科技大数据智能知识服务发展现状与趋势方面，美国已实现从数据到知识、知识到决策、决策到行动的快速转化，正在打造技术生态系统，重在保护自身创新优势核心，迎接第三波数字浪潮；欧盟在关键技术方面具有一定的依赖性，数字基础设施相对比较老旧，存在不断加深的"数字鸿沟"，未来将不断提高数字领域竞争优势，维护技术主权，争当数字时代的领先者；英国在人工智能领域一直保持着强劲的研究实力，未来将不断发展人工智能以支持科技发展；日本政府对科技服务十分重视，信息基础设施相对比较完备，已建成科技资源开放共享体系，正在向科技信息资源建设系统化、集成化、全球化和服务智能化方向发展。

参 考 文 献

[1] 贺晓丽. 美国联邦大数据研发战略计划述评[J]. 行政管理改革, 2019 (2): 85-92.

[2] 张春婵. 人工智能发展报告 2020[J]. 数据, 2021, 318 (Z1): 22-25.

[3] 贾夏利, 刘小平. 中美人工智能竞争现状对比分析及启示[J]. 世界科技研究与发展, 2022, 44 (4): 531-542.

[4] 李川川, 刘刚. 发达经济体数字经济发展战略及对中国的启示[J]. 当代经济管理, 2022, 44 (4): 9-15.

[5] 中国科学院网信工作网. 欧盟委员会发布《2030 数字指南针: 数字十年的欧洲之路》[EB/OL]. [2022-11-02]. http://www.ecas.cas.cn/xxkw/kbcd/201115_128697/ml/xxhzlyzc/202105/t20210518_4562435.html.

[6] 谢兰兰. 欧盟数字贸易发展的新动向及展望[J]. 全球化, 2020 (6): 72-80.

[7] 李舒沁. 后疫情时代人力资源数字技能培养与镜鉴[J]. 中国科技产业, 2021 (4): 67-69.

[8] 杜海坤, 李建民. 从欧盟经验看数字人才培养[J]. 中国高等教育, 2018 (22): 61-62.

[9] 翟军, 翁丹玉, 袁长峰, 等. 英国政府开放数据的"国家信息基础设施"建设及启示[J]. 情报科学, 2017, 35 (6): 107-114.

[10] 魏红江, 李彬, 祝慧琳. 制定我国大数据战略与开放数据战略: 日本的经验与启示[J]. 东北亚学刊, 2016 (6): 32-39.

[11] 杨艳萍. 日本科技中介服务体系的建设与启示[J]. 改革与战略, 2007, 23 (9): 108-111.

[12] 华勇谋, 赵庶吏. 国内外科技服务业发展现状和趋势的调查研究[J]. 北京农业职业学院学报, 2018, 32 (6): 36-40.

[13] 洪峡. 为科技创新服务的日本科技信息机构[J]. 数字图书馆论坛, 2009, 12: 49-55.

[14] 赖茂生. 为科技创新立国服务的日本科技信息事业[J]. 中国信息导报, 2007, 12: 10-12.

[15] KIMURA T, KAWAMURA T, WATANABE K, et al. J-GLOBAL knowledge: design and building of large-scale linked data sets for science and technology information[J]. Transactions of the Japanese Society for Artificial Intelligence, 2016, 31(2): 1-12.

[16] 顾立平, 刘金亚. 日本国立情报研究所的发展战略与启示——创造未来价值的知识技术研发可能性探讨[J]. 情报科学, 38 (2): 17-28.

[17] 张绍丽, 郑晓齐, 张辉. 欧美和日本科技资源共享网络典型模式的建设[J]. 中国科技资源导刊, 2020, 52 (6): 35-42.

[18] 王剑. 日本国立国会图书馆人工智能实验室的实践与启示[J]. 图书馆研究与工作, 2020 (10): 85-90.

[19] 王婷. 日本文献保障体系建设的实践与启示[J]. 数字图书馆论坛, 2018 (2): 14-20.

[20] 韦景竹, 叶彦君. 日本图书馆人工智能研究与应用前沿[J]. 图书馆论坛, 2022 (8): 51-61.

第 4 章　中国发展现状

4.1　发展战略与规划

我国科技信息服务工作起步于 20 世纪 50 年代中期。1956 年，我国第一个国家科学技术发展规划《1956—1967 年科学技术发展远景规划》发布，其中对我国科技情报相关工作提出了要求，标志着我国科技情报工作正式纳入国家科技战略[1]。此后，经过半个多世纪的发展，我国科技信息服务工作取得显著发展。21 世纪以来，受大数据、云计算、人工智能等新兴技术和应用推动政策的影响（见图 4-1），我国科技信息服务工作进入大数据智能驱动的创新发展阶段。2021 年，《中华人民共和国国民经济和社会发展第十四个五年规划和 2035 年远景目标纲要》发布，其中提出要构建国家科研论文和科技信息高端交流平台，对我国科技信息工作提出了明确要求。我国科技信息服务在延续传统信息服务的同时，更多地开展以知识组织、知识计算和知识挖掘为主的面向世界科技前沿、面向经济主战场、面向国家重大需求、面向人民生命健康的知识服务。我国科技信息服务进入"人—机—网"相结合，以大数据、云计算、人工智能融合应用为基础的智能知识服务新时期。

4.2　主要项目实践与应用

我国科技情报机构主要有企业、中介机构、政府机构等。在科技大数据智能知识服务方面，主要的项目实践与服务平台有国家科技图书文献中心（NSTL）、中国高等教育文献保障系统（CALIS）、国家科技基础条件平台中心（NSTI）、中

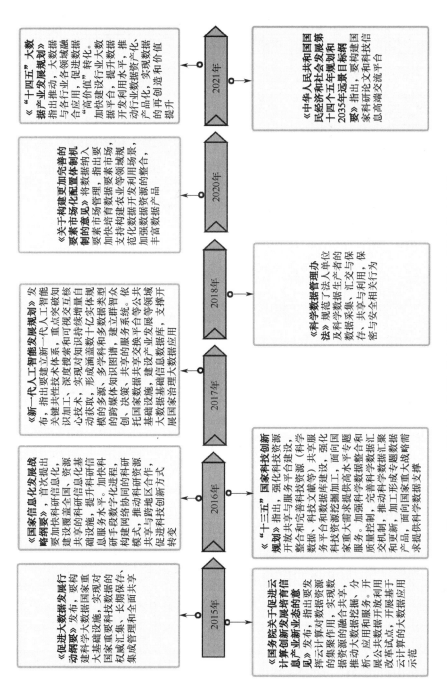

图 4-1 近年中国科技大数据智能知识服务相关国家政策与战略规划

国工程科技知识中心（CKCEST）、中国科学技术信息研究所研发的系列平台、中国科学院文献情报中心研发的科技大数据知识发现平台、清华大学研发的AMiner、中国知网（CNKI）、万方数据知识服务平台、维普网等（见图 4-2）。

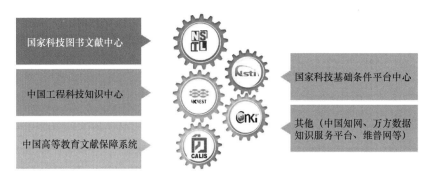

图 4-2　中国工程科技大数据智能知识服务相关机构与平台

4.2.1　国家科技图书文献中心

国家科技图书文献中心（National Science and Technology Library，NSTL，门户首页见图 4-3）是科技部联合财政部等六部门，经国务院领导批准，于 2000 年6 月 12 日成立的一个基于网络环境的科技文献信息资源服务机构。NSTL 由跨部门、跨系统、跨行业的国内 9 家专业图书情报机构组成。NSTL 以构建数字时代的国家科技文献资源战略保障服务体系为宗旨，按照"统一采购、规范加工、联合上网、资源共享"的机制，采集、收藏和开发理、工、农、医各学科领域的科技文献资源，面向全国提供公益的、普惠的科技文献信息服务。NSTL 在 20 余年的实践中表现出强大的生命力，改变了其成立之初我国科技文献极其匮乏的状况，已经发展成为数字时代国家科技文献信息资源保障基地、国家科技文献信息服务集成枢纽和国家科技文献事业发展支持中心，较好地满足了我国科技创新的文献信息需求。

NSTL 持续建设以印本为基础的科技文献信息保障体系，近年订购的高质量外文印本文献品种持续稳定在 26000 种左右，基本覆盖了国外核心科技文献，其中有 6000 多种为全国独有；订购网络版外文科技文献数据库 140 多个，涵盖网络版外文期刊 20000 余种；以国家授权方式面向公益机构开通重要回溯外文科技期刊 3000 多种，有效弥补了我国外文文献的结构性缺失。NSTL 以网络服务系统为核心，依托地方和行业科技信息机构，合作建立了辐射全国的科技文献信息服务体系，形成了覆盖全国的科技文献服务网络。NSTL 每年基于印本文献开展的文献原文传递达 120 多万篇，每年面向公益机构开通的外文电子资源使用量超过 6000 万篇，为全国用户更加充分地利用 NSTL 的科技文献信息资源创造了便利条件，提升了地方科技文献信息的保障能力和服务水平，推动了全国范围的科技文献信息共建共享。

图 4-3　国家科技图书文献中心门户首页

历经 20 余年建设，NSTL 已经发展成为国家科技文献资源的战略保障基地，大幅度提升了对全国科技界和产业界的文献服务能力，创新和开拓了多样化、个性化、专业化服务，成为文献服务共建共享的国家枢纽，引领了国家科技文献事业的发展，被誉为我国科技服务业服务科技创新和社会发展的重要典范。

4.2.2　中国高等教育文献保障系统

中国高等教育文献保障系统（China Academic Library & Information System，CALIS，门户首页见图 4-4）是教育部"'九五'规划""'十五'规划"和"三期工程""211 工程"中规划、设计、投资、建设的面向所有高校图书馆的公共服务基础设施，通过构建基于互联网的"共建共享"云服务平台（中国高等教育数字图书馆），制定图书馆协同工作的相关技术标准和协作工作流程，培训图书馆专业馆员，为各成员馆提供各类应用系统等，支撑着高校成员馆间的"文献、数据、设备、软件、知识、人员"等多层次的合作与共享，已成为高校图书馆基础业务不可或缺的公共服务基础平台，并担负着促进高校图书馆整体发展的重任。

图 4-4　中国高等教育文献保障系统门户首页

　　CALIS 从 1998 年 11 月正式启动建设，已建成以 CALIS 联机编目体系、CALIS 文献发现与获取体系、CALIS 协同服务体系和 CALIS 应用软件云服务（SaaS）平台等为主干，各省级共建共享数字图书馆平台、各高校数字图书馆系统为分支和节点的分布式"中国高等教育数字图书馆"。目前，其注册成员馆逾 1800 家，覆盖除台湾省外的 31 个省（自治区、直辖市）和港澳地区，成为全球最大的高校图书馆联盟之一。CALIS 的骨干服务体系由四大全国中心（文理、工程、农学、医学）、七大地区中心（东北、华东、华东南、华中、华南、西南、西北）、除港澳台之外的 31 个省（自治区、直辖市）级中心和 500 多个服务馆组成。

4.2.3　国家科技基础条件平台中心

　　国家科技基础条件平台中心是科技部直属事业单位，于 2006 年经中央机构编制委员会办公室批准成立，致力于推动科技资源优化配置，实现开放共享，建成了中国科技资源共享网（见图 4-5）。中国科技资源共享网是科技部、财政部共同推动建设的国家平台门户系统，是国家平台的科技资源信息发布平台和网络管理平台，按照统一标准接受和公布科技资源目录及相关服务信息。

图 4-5 中国科技资源共享网

中国科技资源共享网经过优化调整，可支撑 50 个国家级平台，包括 20 个国家级科学数据中心和 30 个国家级生物种质与实验材料资源库；主要资源包括科学数据、生物种质与实验材料、重大科研基础设施及大型科研仪器等，目前已汇集290 余万个数据合集，形成标识符 280 余万个。在国家层次上，搭建了逻辑统一、高度集成、高效共享的科技资源网络服务体系，有效推动了科技资源的统筹管理和共享服务，体现了以信息共享带动实物共享的平台理念。

4.2.4 中国工程科技知识中心

为了有效支撑我国工程科技事业发展和国家新型高端智库建设，特别是对国家工程科技领域重大决策、重大工程科技活动、企业创新与人才培养提供信息支撑和知识服务，提高国家自主创新能力，中国工程院牵头于 2012 年正式启动了中国工程科技知识中心（China Knowledge Centre for Engineering Science and Technology，CKCEST；以下简称"知识中心"，门户首页见图 4-6）建设，旨在积极发挥中国工程院学科分布优势和在工程科技领域的示范引领作用，发挥院士群体智慧，与国内信息技术领先企业、权威数据服务机构等共同形成知识服务协同创新体系，共同支撑国家发展战略决策和高端智库建设，服务我国大数据战略。

图 4-6　中国工程科技知识中心门户首页

　　知识中心是经国家批准建设的国家工程科技领域公益性、开放式的知识资源集成和服务平台建设项目，是国家信息化建设的重要组成部分。知识中心建设以满足国家经济科技发展需要为总体目标，通过汇聚和整合我国工程科技相关领域的数据资源，以资源为基础、以技术为支撑、以专家为骨干、以需求为牵引，建立集中管理、分布运维的知识中心服务平台；以为国家工程科技领域重大决策、重大工程科技活动、企业创新与人才培养提供信息支撑和知识服务为宗旨，最终建设成为国际先进、国内领先、具有广泛影响力的工程科技领域信息汇聚中心、数据挖掘中心和知识服务中心。

截至 2021 年年底，知识中心各类型资源总量达到 73.66 亿条，覆盖工程科技 53 个一级学科（百分之百覆盖），289 个二级学科（覆盖率达到 90%）；在知识中心的基础上，构建了 34 个专业领域分中心，形成知识中心与分中心两级协同构建和服务模式。知识中心平台访问量超过 1.38 亿次，近 5 年年均增长率达到 290%；累计注册用户近 24 万人，覆盖国内全部 34 个省级行政区、国际 218 个国家和地区。

知识中心通过体制创新、技术创新、知识创新与服务创新，已初步形成建设特色，创建了跨多领域的知识服务联盟机制，形成了工程科技知识服务标准规范，打造了国家工程科技大数据中心，实践了国家科技大数据应用与知识工程路径，塑造出国家高端智库支撑与知识服务体系，培养了 1500 余名专业技术与服务人才队伍。知识中心建设已取得突出成效，在全球拥有庞大的用户群体。

4.3　中国工程科技知识中心分中心典型案例

中国工程科技知识中心平台在工程科技大数据智能知识服务建设中发挥着重要的作用。知识中心以为国家建立基础骨干经济科技发展需要为目标，通过汇聚和整合工程技术领域的数据资源，以资源为基础，以技术为支撑，以专家为骨干，以需求为牵引建立集中管理、分布运维的知识中心服务平台。知识中心建成了农业、渔业、地理资源与生态、环境工程、材料、创新设计、气象、地理信息、海洋工程、信息技术、能源、航天、化工、水利、营养健康、医药卫生等 30 余个专业领域知识服务系统，各个系统在相关高校、科研院所等的指导下，汇聚整合相关领域的科技信息资源，为国家工程科技重大决策、重大工程科技项目、业务创新和人才培养提供信息支撑和知识服务，有力支撑了国家高端智库和工程科技创新发展。

本书选取具有代表性的材料、能源、化工、医药卫生、信息技术、农业、林业及渔业 8 个专业知识服务系统，对相关专业知识服务系统的基本情况、工程科技大数据收录情况、在相关领域做出的贡献及特色功能作了基本介绍。

4.3.1　材料专业知识服务系统

1．简介

材料专业知识服务系统（见图 4-7）是中国工程科技知识中心的材料分中心。材料专业知识服务系统由钢铁研究总院在中国工程科技知识中心的统一部署下、在前期系统建设的基础上承担材料专业知识服务系统的建设开发工作，旨在构建一个以汇集和加工国内外材料工程科技专业知识领域海量数据为主要建设内容、以深度数据分析和智能获取知识为主要技术手段、以搜索利用和辅助创新为主要服务内容的新材料专业知识服务系统，为国家新材料领域思想库提供基础信息和知识服务保障，为各材料研究、生产、应用组织提供数据支撑与信息知识服务。

图 4-7　材料专业知识服务系统

材料专业知识服务系统现汇聚了海量的材料数据资源，形成了包括论文、材料标准、领域专家、科技成果等在内的基础资源库数十种，整合材料领域特色资源超过 15 种，各类型材料知识资源覆盖了多数材料领域学科；汇聚整合并本地保存了近 40 个数据库，拥有相图数据、新材料研究报告、统计数据、晶体结构数据、新材料重点企业等材料工程科技大数据资源；开展的专题分析应用模块可深入探索知识产品，成为材料专业知识服务资源中心，更好地为国家智库、战略科学家、院士和广大相关领域科技工作者提供线上线下数据与知识服务。

2. 特色功能

1）材料搜索服务

材料专业知识服务系统包括材料牌号-性能数据、资讯、专利、专家、论文、报告、成果、机构八大专业数据库，其中材料牌号-性能数据库将材料的成分、性能数据及用途、形状、特殊性能、交货状态等信息表述为一组数学特征，通过计算不同材料牌号的相似度函数，方便地实现各国材料牌号的对照查询和匹配检索，通过材料牌号成分、性能数据一键查询，揭示材料牌号-性能数据。

2）材料知识应用服务

材料知识应用服务提供了包含材料牌号性能查询分析、相图查询、行业数据分析、材料热点检测等四大类基于材料科学领域的知识应用，数据来源于自研数据库、权威数据库及专业发布平台，可满足材料领域的特定知识服务需求。

3）材料专题分析

材料专题分析主要有发动机材料、核电用钢、材料基因组计划、特种钢、氢及氢能材料五大专题，每个专题下设立热点资讯、相关词条、相关材料、关键论文、科技报告等十大模块。材料专题分析整合构建了多维度材料专题领域知识，面向不同领域的用户提供差异化、精细化知识服务，可满足不同用户的知识服务需求。

4）新材料产业地图

新材料产业地图面向材料科技创新、新材料领域生产经营等方面的用户，提供包括新材料重点聚集区、新材料产业基地、新材料重点企业、国家企业技术中心、专精特新"小巨人"企业、单项冠军企业、单项冠军产品等在内的十大类服务模块。新材料产业地图依托大数据技术，面向不同领域的用户提供针对性的数据分析和情报支持服务。

3. 服务成效

材料专业知识服务系统在引领新材料大数据与知识服务发展方面发挥了较大作用。该系统总点击量超过百万次，已为 120 多个国家（地区）和数十万人次提供了信息服务，并优质、高效地为各材料领域的学者、专家、行业工作者提供线上、线下数据资源服务和相关领域的专业知识服务，推动了材料工程科技大数据知识的利用。同时，材料领域数据服务有力地支撑了该领域院士为国家制定材料发展战略，并为政府做出管理决策提供了数据依据。

4.3.2 能源专业知识服务系统

1. 简介

能源专业知识服务系统（见图 4-8）是中国工程科技知识中心的能源分中心。该系统是在中国工程院的引领下，依托太原理工大学、北京低碳清洁能源研究院、中国科学院青岛生物能源与过程研究所建设。能源专业知识服务系统面向能源领域，针对不同创新主体的知识服务需求，汇聚融合了各种宏观、中观、微观数据（企业数据），突破了知识组织、语义关联、智能检索等关键技术，构建了特有的数据体系和平台体系，集成了能源数据、能源政策、能源报告、能源新闻、能源

图 4-8 能源专业知识服务系统

专家、能源团队、能源企业等24类能源专业知识资源，各类型知识资源总量达到数十亿条，覆盖了能源生产、输配、转化、消费等全部链条，实现了能源、经济、社会、生态、环境等大数据的互联互通，刻画了全国能源从生产到消费的产业特征，构建了国内首个综合性能源知识服务平台。

2. 特色功能

1）煤质数据开放平台

煤质数据开放平台是以煤质数据为核心，将煤炭生产、煤炭销售、煤炭采购、煤炭物流、煤炭使用、煤质检验、分析仪器及煤炭研究等互联互通的平台。煤质数据开放平台是中国第一个开放的煤炭数据库平台，将为中国煤炭的资源配置、经济、清洁、高效、可持续开发利用奠定数据基础。

2）知识应用服务

能源专业知识服务系统提供了包含能源领域全生命周期评价（LCA）计算工具、能源单位换算、煤质基准换算、煤质地图平台、碳精确核算、中国煤炭开采生命周期评价数据库等10余种基于能源大数据的知识应用，数据来源于权威数据库及专业发布平台，可满足能源领域的特定知识服务需求。

3）能源专题服务

能源专题服务主要有公共服务、院士服务、团体服务、项目服务等。面向能源领域大数据，能源专题整合构建了多维度能源领域知识，向不同的用户提供差异化、精细化知识服务，以满足不同用户的知识服务需求。

4）情报与数据服务

能源专业知识服务系统情报与数据服务团队面向中国工程院院士、中国工程院战略咨询项目、中国科学院"应对气候变化的碳收支认证及相关问题"专项、中国科学院科技支撑碳达峰碳中和战略行动计划、能源领域专家学者、全国能源经济学科教育联盟、山东省青岛市等开展了高质量的知识服务，研究成果被国务院、国家部委、地方政府采纳，已成为青岛市应对气候变化的第一智库。

3. 服务成效

能源专业知识服务系统在引领能源大数据与知识服务发展方面发挥了较大作用，系统年访问量超过 100 万人次，累计注册用户超过 18000 人；该系统面向山东省、内蒙古自治区、宁东地区、能源龙头企业、煤炭行业协会等提供精准服务，推动了能源领域大数据知识服务，为国家科技信息资源实现最大化共享利用提供了有力保障。能源专业知识服务系统面向院士团队等提供的高端智库服务近年来持续获得院士肯定，该系统累计服务中国工程院能源学部 30 多位院士及多项重大科学资源项目，有力支撑了院士为国家制定能源发展战略、政府作出管理决策建言献策。同时，能源专业知识服务系统作为中国工程科技知识中心能源分中心，与由全国 22 家开设能源经济学专业的高校组成的能源经济学学科教育联盟开展全面合作，支持高校教师开展教育改革、申请教育改革项目取得进展，在大学生人才培养方面效果明显。

4.3.3　化工专业知识服务系统

1. 简介

化工专业知识服务系统（见图 4-9）是在中国工程科技知识中心的统一管理和规划下，针对化工领域所建设的专业分中心，由中国化工信息中心承担建设任务。化工专业知识服务系统基于专业、权威的化工领域科技及商业资源，如科技文献、行业及企业统计数据、国内外化工项目、专家、机构、产品、企业财务、收并购、化工行业产能、产量等各类化工专业知识资源，构建化工智库，为中国工程院开展战略咨询和发挥国家工程科技思想库作用提供化工战略咨询知识服务。化工专业知识服务系统通过集成大数据、深度搜索和可视化分析等关键技术，汇聚和打通各类化工专业知识资源，为化工行业创新发展提供专业化知识服务。该系统在中国工程科技知识中心建设项目整体框架下，依托中国化工信息中心、钢铁研究总院及相关单位已有化工领域数据库资源和互联网开放资源，将化工行业资讯、专家、科技文献、标准、专利、科技成果、专业图书、咨询报告、产品信息、贸易统计数据、百科和专业问答等各类相关数据打通融合，形成多结构化的数据海。同时，通过对结构化与非结构化数据的深度处理，探索并搭建知识搜索平台，构建面向化工行业应用的知识服务一体化平台，促进化工行业知识资源的优选、整合、分析和综合应用，为化工行业用户提供专业的工程科技知识服务。

图 4-9 　化工专业知识服务系统

2．特色功能

1）化工资源搜索服务

化工专业知识服务系统基于开源搜索引擎 Elasticsearch 实现，一方面提供统一检索、高级检索、二次检索、搜索词联想、多维分面、命中词高亮、相似文献等功能，提供多角度、多维度的检索方式，帮助用户在海量资源中快速定位文献；另一方面化工分中心正在构建化工领域知识图谱，基于多维语义索引，实现对自然语言检索式的语义理解和分析，提供统一发现过程中的实体命中、智能词推荐、语义扩展及跨语言检索等功能，为用户提供智能化、语义化和可视化的信息资源发现与获取服务。

2）知识图谱分析服务

化工专业知识服务系统基于知识图谱技术开发了热点聚焦功能，对海量非结构化资讯数据进行实体抽取，统计得到特定时间段内的热点。此外，针对每条数据本身，自动挖掘得到机构、人物、领域等不同类型的实体。

3）知识应用服务

化工专业知识服务系统提供了包含全球化工产品贸易分析、全球化工企业并购数据、全球化工企业竞争力评价、全球化工行业发展水平综合评价、中国石化行业统计、中国石化产品价格数据等知识应用，数据来源于权威数据库及专业发布平台，可满足化工领域的特定知识服务需求。

4）化工专题服务

化工专题服务主要有热点专题和院士专题，其面向化工领域科技大数据，整合构建了包括烯烃、湿电子化学品、光刻胶、农药在内的多维度化工专题领域知识，为不同的用户提供差异化、精细化知识服务，可满足不同用户的知识服务需求。

5）情报与数据服务

化工情报服务是指面向化工科研、企业用户、政府管理等方面的用户，提供包括行业报告、产品报告、企业报告等数种权威机构研究报告。化工情报服务由内部行业资深研究人员撰写定期报告或深度报告，并对化工行业热点及重点产品进行追踪分析。在化工数据服务上，化工专业知识服务系统提供行业、企业及市场数据可视化呈现与分析，支持数据在线查看分析与一键下载。

3. 服务成效

化工专业知识服务系统在引领化工领域科技大数据与知识服务发展方面发挥了较大作用，系统浏览量超过 150 万人次，访客数超过 50 万人，用户覆盖国内30 余个省份和地区。

化工专业知识服务系统重点面向中国工程院战略咨询课题，提供态势分析信息参考、深度报告、情报产品等推送服务；同时，进一步优化服务模式，保障服务通道的持续稳定，为国家科技信息资源实现最大化共享利用提供了有力保障。该系统累计服务中国工程院数名院士及多个重大项目课题组，有力支撑了院士为政府作出管理决策服务。

4.3.4 医药卫生知识服务系统

1. 简介

医药卫生知识服务系统（见图 4-10）是中国工程科技知识中心的医药分中心，依托中国医学科学院医学信息研究所和北京协和医学院建设。医药卫生知识服务系统始终秉持以用户为中心、以创新促发展的服务理念，紧密结合《中华人民共和国国民经济和社会发展第十四个五年规划和 2035 年远景目标纲要》《"健康中国 2030"规划纲要》及中国工程科技知识中心发展目标，围绕院士及战略咨询课题组专家、专业医师、工程科技人员、医学生、公众等群体的实际需求，集成医药卫生领域期刊、专利、报告、标准等 13 种类型的科技数据资源 6000 多万条，体量约 2TB，涵盖近 500 个国内外特色数据库。医药卫生知识服务系统已建成母婴健康、营养健康、知识图谱、知识脉络分析、自动报告生成系统等特色知识应用 22 个，旨在打造全面、权威的医药科技知识库。

图 4-10 医药卫生知识服务系统

2．特色功能

1）医学智搜服务

医药卫生知识服务系统面向领域用户的一站式知识获取需求，基于医学主题词表、自然语言处理技术、大数据技术、知识组织方法等，研发了语义化、智能化的"医学智搜"引擎，实现了对医药卫生多源异构大数据资源的多粒度导航、跨语言检索、高级检索、关联检索、热词推荐、高频词云分析、主题内容推荐、疾病和药物百科展示等多样化的功能，便于用户在海量资源中快速发现和获取有价值的知识，提高专业知识获取效率。

2）知识应用服务

医药卫生知识服务系统基于积累的海量科技大数据资源及多元化技术，围绕领域重大疾病和行业热点研发了自动报告生成系统、营养健康跨领域应用、知识图谱、移动应用、知识脉络分析、技术趋势分析等多个智能化的知识应用，以满足医药卫生领域的特定知识服务需求。

3）热门专题服务

面向医药卫生领域用户的整合性需求，医药卫生知识服务系统构建了母婴健康与孕期保健、疾病专题、新冠专题、院士专题、科普健康、精准医学、智慧医疗、药物研发、"一带一路"等多元化的专题知识服务，以满足用户差异化的知识服务需求。

4）智能分析应用

医药卫生知识服务系统通过对官方、权威统计数据的分析、挖掘，并利用可视化分析工具和方法开展多维度的趋势分析、对比分析、关联分析等，开发了心脑血管、流动人口、糖尿病、环境健康、肿瘤、传染病等智能分析应用，以面向不同用户提供直观化、精细化的分析服务。

5）知识图谱技术

医药卫生知识服务系统通过对医药卫生领域各类文本数据中疾病、药物、症状等实体及关系的抽取，搭建了底层实体、关系、属性的存储策略与词表体系，完成了疾病、药物相关医学知识图谱的自动生成和可视化展示，增强了检索的相关性，实现了疾病药物之间的互检，从而为用户提供更加优质的服务；面向特定疾病和主题，通过对相关数据的整合和抽取，设计知识表示模型并构建了三种医学本体工具，相关工具可为数据搜索、挖掘、分析等提供便利，可辅助临床医生制定更细致、更可靠的诊疗方案。

6）面向领域专业人士的深度数据分析服务

医药卫生知识服务系统围绕国家重大战略咨询项目组、领域专家等高端用户的定制化需求，自建立至今已持续 7 年为 7 位院士、10 余个课题组，定期提供精准知识服务，数据量超过千万条。医药卫生知识服务系统基于医药卫生领域丰富的科技数据资源，采用文献计量分析、文献调研、报告阅读、数据整合等方法对特定主题、特定时间区间内的数据进行包括年度发文趋势、研究热点、研究对象、设计方法、机构、学者、期刊、基金项目、发明专利等多维度的系统分析，完成了多份深度分析报告的撰写，以期提供领域态势分析、领域研究热点分析、行业市场分析、技术发展趋势分析、领域学科态势分析总结等个性化的情报产品服务。

3. 服务成效

医药卫生知识服务系统通过长期为工程科技工作者、院士、专家等提供有价值的知识和服务，其影响力越来越大，在引领医药卫生科技大数据与知识服务发展方面发挥了较大作用，系统年访问量超过 120 万人次，覆盖国内 32 个省（自治区、直辖市）和港澳地区、国际近 100 个国家和地区；联合中国医药教育协会母婴健康管理专业委员会、中国医药教育协会孕期营养分会等，面向全国 20 多个省份的基层医生与母婴群体提供专业化、系列化的母婴健康科普知识，以提升母婴健康知识的普及率，进而促进健康生育；联合北京协和医学院开展孕期系列课堂的开源教育试点，将医药卫生知识服务系统作为《孕产期健康教育》课程的在线学习平台，对课程内容进行数字化的组织和管理，方便用户对课程内容进行分类浏览、精准检索、收藏及评论等，并开发数字化教学管理后台，记录用户学习情况，以期开展对数字化教材的质量管理与效果评价。

医药卫生知识服务系统项目组定期与养老服务中心等组织开展专题知识宣讲活动，面向老年人进行慢病预防、治疗、健康饮食等内容的宣讲，助力健康中国的实现。医药卫生知识服务系统与山东省滨州医学院、山东省潍坊医学院等达成了战略合作，免费为其师生提供医学研究与教学素材，为国家科技信息资源实现最大化共享利用提供了有力保障。

4.3.5 信息技术专业知识服务系统

1. 简介

基于信息技术领域专业知识服务的迫切需求，中国工程科技知识中心于 2014 年 11 月正式启动信息技术专业知识服务系统项目，定位于围绕信息技术领域建设集多种数据类型于一体的综合数据库，面向工程科技领域用户提供专业知识服务，为信息技术领域科技创新提供服务，为中国工程院战略咨询提供支撑，为推动我国工程科技发展提供专业、稳定的知识服务。信息技术专业知识服务系统（见图 4-11）作为中国工程科技知识中心的信息技术分中心，其建设对于全面整合和梳理信息技术领域各类资源，提升中国工程科技知识中心服务的广度和深度具有重要作用；同时，为广大工程科技领域院士、专家、从业人员提供广泛、专业、深度的信息技术领域专业知识服务，有利于进一步扩大中国工程科技知识中心的影响力，提升我国工程科技领域知识服务的整体水平。此外，信息技术专业知识服务系统通过开展专题知识应用、面向课题及院士需求的定制化推送等服务，有效支撑了中国工程院开展的战略咨询研究工作，对保障中国工程院建设国家工程科技思想库，服务我国工业化和现代化建设具有重要的战略意义。

图 4-11　信息技术专业知识服务系统

2. 特色功能

经过前期建设，信息技术专业知识服务系统已经完成整体系统平台开发、知识组织体系建设、数据资源整合、知识应用的开发与服务、系统上线及运营服务。

1）资源建设方面

信息技术专业知识服务系统一直以来十分重视领域数据资源的建设和服务，梳理发掘信息技术领域文献、工具（事实）、数据、词表等，涵盖领域动态、前沿技术文献、产业态势统计、权威专家、企业数据、专利、标准等全方位资源类型。目前，信息技术专业知识服务系统共建设维护 33 类数据资源，总量 1520 万余条。已经向知识中心提交所有类型数据的元数据信息，含 17 类数据的整体数据。同时，构建了以叙词表和分类体系为基础的信息技术专业知识组织体系，2021 年度提交新增叙词 700 余个。

2）技术平台建设

2021 年，信息技术专业知识服务系统完成了对旧系统全部数据的拆分和迁移，并完成了平台基础架构改版、功能重建、页面优化和后台管理优化等工作。新平台采用微软的.NET Core 3.X 框架，支持 gRPC 微服务架构，支持跨平台部署。同时，各个服务模块耦合度降低，互不影响，提升了平台整体的稳定性能；信息技术专业知识服务系统基于 MySQL 数据库技术汇聚领域资源，并开发资源统一检索、分类浏览、知识关联展示、知识推荐及可视化展示等服务功能。同时，信息技术专业知识服务系统还开发了 15 类专题知识应用，面向领域细分需求提供专业知识服务。整体上，信息技术专业知识服务系统已经实现了数据资源的统一管理和异构数据库的统一检索，开发了信息技术专业知识服务门户，实现了与"中国工程科技知识中心"的联通，奠定了提供领域专业知识服务的技术基础。

3）服务建设

经过 8 年多的建设，信息技术专业知识服务系统基本服务功能已经建成，面向用户提供各类资源的分类导航、跨库统一检索、专题资源聚类、数据可视化展示及浏览下载等服务；面向用户提供 33 类专业数据资源服务、14 类专题知识应用产品，开设了"工信知库"微信公众号服务；面向重大战略咨询课题提供推送服务，截至 2021 年年底《中国人工智能 2.0 发展战略研究》累计推送 68 期，《"互联网+"行动计划战略研究（2035）》累计推送 39 期，《新一代人工智能安全与自主可靠战略研究》累计推送 34 期，《人工智能领域态势分析信息参考》累计推送 12 期，完成"人工智能安全课题汇编"推送 2 期，累计推送文献数据超过 5000 条；面向 5 位院士推送文献等 8000 余篇，实现了线上、线下服务的有机结合。

4）运营建设

信息技术专业知识服务系统建设形成了一支专业运维服务团队，制定了《信息技术专业知识服务系统运维方案》《信息技术专业知识服务系统用户使用手册》等运维管理制度，实现了系统的平稳运行；设计制作了信息技术专业知识服务系统宣传海报、宣传手册及用户使用手册，并依托国防科技报告宣贯培训会、工信安全技能大赛等面向百余家高校、研究所及企业开展会议推广。平台年度访问量超过 246 万人次。

总体上，信息技术专业知识服务系统的建设与服务能力进一步提升，建设思路和着力方向逐步明晰，为信息技术专业知识服务长期、持续、稳定发展奠定了扎实的基础。

3. 服务成效

经过 50 余年的资源建设，信息技术领域已经积累了大量的数据资源。信息技术专业知识服务系统的建设对于全面整合和梳理信息技术领域各类资源，提升工程科技知识中心服务的广度和深度具有重要作用。信息技术专业知识服务系统的建设能够为广大工程科技领域院士、专家、从业人员提供广泛、专业、深度的信息技术领域专业知识服务，有利于进一步扩大知识中心的影响力，提升我国工程科技领域知识服务的整体水平。此外，信息技术专业知识服务系统通过开展专题知识应用、面向课题及院士需求的定制化推送等服务，有效支撑了中国工程院开展的战略咨询研究工作，对保障中国工程院建设国家工程科技思想库，服务我国工业化和现代化建设具有重要的战略意义。

4.3.6 农业专业知识服务系统

1. 简介

农业专业知识服务系统（见图 4-12）是中国工程科技知识中心的农业分中心，

其在中国工程院的引领下，依托于中国农业科学院农业信息研究所建设。面向农业领域，针对不同创新主体的知识服务需求，农业专业知识服务系统通过对各类农业科技知识资源的汇聚融合，突破知识组织、语义关联、智能检索等关键技术，整合汇聚了农业科技知识资源24种。农业专业知识服务系统各类型知识资源总量已超过10亿条，覆盖了农业所有学科，实现了50多个数据库的本地保存，构建了我国国内农业领域最大的语义知识库和农业科技知识资源中心。

图4-12 农业专业知识服务系统

2．特色功能

1）农知搜索服务

农业专业知识服务系统面向普惠型知识获取需求，基于自主构建的综合性高质量农业科技大数据仓储、语义知识库和多因子智能排序模型，研发了领域普适、语义智能的"农知搜索"引擎（见图4-13），实现了农业科技知识导航、跨语种一站式知识智能搜索和精准发现、科研实体命中、基于情景敏感的便捷获取、个性化推荐、基于框计算的服务关联、可视化分析、检索报告一键生成等集成服务功能，帮助用户在海量资源中快速发现和获取有价值的知识，提高专业知识获取效率。

图 4-13　农知搜索

2）知识应用服务

农业专业知识服务系统提供了包含动植物病虫害智能诊断、农产品安全、全球农业经济地图、国际农产品贸易分析、农业区划分析等 10 余种基于农业科技大数据的知识服务应用，数据来源于权威数据库及专业发布平台，可满足农业领域的特定知识服务需求。

3）农业专题服务

农业专题服务主要有院士专题服务、产业专题服务、热点专题服务、学科专题服务，其面向农业领域科技大数据，整合构建了多维度农业专题领域知识，对不同的用户提供差异化、精细化知识服务，可满足不同用户的知识服务需求。

4）情报与数据服务

农业情报服务是指面向农业科技创新、农业生产经营、政府管理等方面的用户，提供包括国际行业报告、农业区划报告、高端论坛报告、产业分析报告、科研态势报告、宏观发展报告、竞争力分析报告等在内的数种上千份研究报告。面向用户开展个性化定制服务，包括领域学科态势分析、领域学科专利分析、领域研究热点前沿与研究热点分析和领域学科态势分析总结。基于农业核心科技期刊论文（SCI、中文核心期刊等），采用文献计量等方法对用户选定时间区间内分析主题的年度发文趋势、研究热点、主题渗透、机构、学者、期刊、基金项目、发明专利、获奖成果等从多维度进行系统分析，快速生成趋势分析报告，支持在线查看和一键下载。

3．服务成效

农业专业知识服务系统在引领农业科技大数据与知识服务发展方面发挥了较大作用，系统年访问量超过 150 万人次，截至 2021 年年底，共计服务量达 1230 多万人次，累计注册用户超过 40000 人，覆盖国内 32 个省（自治区、直辖市）和港澳地区、国际 160 余个国家和地区；该系统面向全国 34 个省份的 850 家机构提供精准服务，推动农业工程科技大数据知识服务利用，为国家科技信息资源实现最大化共享利用提供了有力保障。近年来，农业专业知识服务系统面向农业领域院士提供的高端智库服务持续获得院士肯定，系统累计服务中国工程院农业学部 10 多位院士及多个重大项目课题组，有力支撑了院士为国家制定农业发展战略、政府作出管理决策建言献策。同时，农业专业知识服务系统面向全国各地上百家涉农企业和新型农业经营主体提供技术创新和产业决策定制化服务，助力其规避市场风险、提高核心竞争力、实现节本增效。

4.3.7　林业专业知识服务系统

1．简介

林业专业知识服务系统（见图 4-14）是中国工程科技知识中心的林业分中心，由中国林业科学研究院林业科技信息研究所承建，2017 年建成并投入运行。林业专业知识服务系统面向林草领域不同服务主体的知识需求，以林草元数据知识仓储为基础，整合林草行业丰富的科学数据和信息资源，汇聚整合了国内外林草科技论文、标准、报告和专利全文、林草成果、行业动态、统计数据、动植物资源、法律法规、林草术语、专家和机构等林草专业数据库 142 个，资源总量达 2000

多万条，资源体量达 10TB，构建了林草统计数据发现平台、林草领域知识图谱应用系统。林业专业知识服务系统提供林草知识的深度搜索、学科导航、知识链接、大数据分析、知识图谱和可视化分析等服务功能，建成了国家林草科技大数据平台，提供全面、便捷、智能的多维度林业知识服务。

图 4-14　林业专业知识服务系统

2．特色功能

1）开发林业搜索引擎，支持同义词扩展检索，提供基于语义关联的知识发现服务

林业专业知识服务系统基于 Spring MVC 框架，采用 Elasticsearch 分布式搜索引擎和 MapReduce 并行计算等技术，独立开发林业搜索引擎系统，支持统一检索、高级检索、单库检索，特别支持同义词扩展检索，包括检索词的别名、异名、简称、英文名，实现了中英文数据资源的统一搜索，提高了系统的跨语言检索能力。用户输入自然语言，或点击热点词，可实现对其相关主题的发现式检索，系统提供强大的检索、实时分组和统计分析能力，通过一次操作可得到多次聚合的结果。检索结果可实时进行文献计量统计分析，并以曲线图、柱状图、饼图等多种方式进行可视化展示，帮助用户在海量资源中快速、直观地获取到所需资源，实现基于语义关联的知识发现服务。

2）建成林草统计数据发现平台，解决了统计数据内容的挖掘、可视化分析和精准检索难题

林业专业知识服务系统对国内外林草统计年鉴历史数据进行规范化、数字化加工整理，形成不同年份时间序列数据，并开发了林草统计数据可视化分析系统。同时，林业专业知识服务系统接入了天地图，解决了统计数据的中国地图展示问题。该系统对国内外不同类型的 80 个林草统计数据库进行年度数据内容的全面抽取，包括国家、省份、数据分类、统计字段、统计类别、统计区间、资源名称、静态地址等，建成统计数据内容关联数据库，并与林业搜索引擎结合，建成林草统计数据发现平台，实现所有林草统计数据内容的挖掘、分析和精准检索，满足不同用户的信息需求。

3）开发林草专题知识应用产品，为服务国家发展战略、支撑行业发展提供专业化的知识服务

林业专业知识服务系统基于知识组织开发了多层次的知识应用产品，形成了按需提供知识服务的新模式。该系统开发了专题知识应用产品构建和页面定制服务功能模块，通过后台配置与某一专题相关的关键词、学科分类和数据库等要素，实现专题数据的自动抽取和聚类，可灵活配置专题页面的布局和样式，图文并茂地展示该专题的数据资源。采用数据挖掘技术，实现了专题各类数据资源的有效打通、统一管理、知识关联和可视化展示。围绕国家发展战略，建成了林草行业的"一带一路""碳中和""乡村振兴""京津冀一体化"等特色专题。制作了油茶专题、木材安全专题、草原保护专题、林草知识产权专题，为我国油茶产业发展、保障国家木材安全、草原保护、实施国家知识产权发展战略提供数据支撑和深度知识服务。

4）打造首个林草领域知识图谱应用系统，实现智能问答、语义检索，提高了平台的统一搜索和聚合能力

林业专业知识服务系统注重加强林草知识组织体系的优化和关键技术的研发，构建了林草领域知识图谱本体模型，开展林草专家、机构、造林树种、国家林木良种名录、授权植物新品种等知识的收集、数据抽取和标注，形成不同知识

维度和分类体系的数据，建成高质量的林草知识本体库，目前已收录三元组实体数据 5.4 万个、关系数据 16.3 万个。林业专业知识服务系统解决了林草领域各类知识的数据自动抽取和精细化加工、大容量知识本体的实时自动关联和可视化展示等技术问题，建成首个林草领域知识图谱应用系统，完成了知识图谱与林业搜索系统的有机融合，提高了平台的统一搜索和聚合能力，实现了知识关联、智能搜索、知识挖掘与可视化分析等功能。

3. 服务成效

林业专业知识服务系统以用户需求为导向，根据不同用户、不同应用场景，选择不同的知识产品形式和运营模式，提供有针对性的林草知识服务。林业专业知识服务系统已作为林草高校图书馆每年采购的优质数据资源，机构团体入网的授权 IP 用户共 18 家，已覆盖我国主要林业主管部门、林业高等院校和科研院所。"林业知识服务"微信公众号、微信小程序、网站端统一对外提供服务，年度访问量达 100 多万人次，下载量达 30 多万篇，面向林草科研教学一线，提供专业化的知识服务，受到用户的广泛好评。同时，林业专业知识服务系统也开展深度融合的专业情报分析服务，提供专题情报分析报告 15 份，为服务国家发展战略、支撑行业发展、服务林草科技创新、植物新品种惠农、促进林草融合发展提供了信息支撑和决策支持。

4.3.8 渔业专业知识服务系统

1. 简介

渔业专业知识服务系统（见图 4-15）是中国工程科技知识中心的渔业分中心，其在中国工程院的引领下，依托于中国水产科学研究院建设。渔业专业知识服务系统面向渔业领域，针对不同创新主体的知识服务需求，通过各类渔业科技知识资源的汇聚融合，突破知识组织、语义关联、智能检索等关键技术，整合汇聚了渔业科技知识资源 28 种。渔业专业知识服务系统各类型知识资源总量达到近 3000 万条，不仅覆盖了渔业领域的十大学科，也涉及环境、生态等相关学科，汇聚整合并本地保存了近 30 个数据库，拥有科学数据、统计数据、专题数据等渔业科技大数据资源，构建了国内渔业领域最大的语义知识库和渔业科技知识资源中心。

图4-15　渔业专业知识服务系统

2．特色功能

1）一站式渔业知识资源搜索

渔业专业知识服务系统提供一站式渔业知识资源搜索，基于 Elasticsearch+Redis 构建了高效、稳定和可扩展的"欲知搜渔"搜索引擎。该搜索引擎具备内置条件检索、近似与模糊匹配、搜索词联想、多维分面、命中词高亮等基础功能，同时满足各类数据的统一检索、高级检索及数据分析需要。"欲知搜渔"搜索引擎通过停用词、同义词、拼写纠错、实体识别等配置实现了基本的智能语义检索；同时，以可扩展的集群架构设计，实现了系统的高性能，保障了系统的安全性和高可用性。此外，面向渔业学科领域小、行业专、检索难度高的特征，搜索引擎同时结合了前期渔业叙词表的建设成果，进一步完善了平台的智能搜索能力，面向垂直领域提供专业化的知识服务，提升了专业领域检索的精准性。

2）知识应用服务

渔业专业知识服务系统结合人工智能模型及鱼类分类鉴定技术完成了"智能识鱼"小工具的开发；面向用户广泛关注的渔业统计数据，全方位整合全球及中国渔业产业统计数据，开发多维度的数据统计模式及可视化效果，提供图片定制及下载功能，实现了"渔业统计综合显现工具"的研发；开展热点资讯信息分类分学科定制功能，开发"渔业互联网信息采集工具"；开展渔业叙词表建设，开发"渔业叙词表采编工具"，满足渔业领域的特定知识服务需求。

3）渔业专题服务

目前，渔业专业知识服务系统共提供七大专题服务，包括"一带一路渔业专题""水产遗传育种研究态势分析""渔文化""海洋渔业渔情""海南罗非鱼发展态势""大宗淡水鱼"等，每个专题主要针对渔业领域科技和产业大数据，整合构建了多维度渔业专题领域知识，为不同的用户提供差异化、精细化知识服务，可满足不同用户的知识服务需求。

4）情报与数据服务

目前，渔业专业知识服务系统提供科技查新、收引检索、原文传递、定题报告、数据定制和科技评价等六大类情报与数据服务。科技查新主要针对渔业领域的科研人员，提供科研计划申报和科研成果鉴定、验收、评估的查新服务；收引检索则查询文献被 Web of Science、EI 等数据库收录、引用、分区等评价性指标，以及与其他重要文献、学者的关联情况，根据检索结果出具权威检索证明；原文传递是将用户所需的论文、图书、报告、标准、数据等原文，通过网络、邮寄等方式，传递给用户的一种文献服务；定题报告是指根据用户选定的主题进行跟踪检索，把经过筛选的最新检索结果，以定制报告等形式提供给用户，为用户科研全过程提供信息支持服务；数据定制则利用海量涉渔数据资源，通过精确理解用户的需求，形成数据需求响应说明书，明确所需数据的数量、质量、内容，并约定数据交付的时间和形式；科技评价则包括竞争力分析与科研绩效评价、专利信息挖掘分析、学科发展态势分析。

3. 服务成效

渔业专业知识服务系统在引领渔业科技大数据与知识服务发展方面发挥了较大作用，系统年访问量超过 20 万人次，截至 2021 年年底共计服务量达 1022076 多人次，累计注册用户超过 400 人，覆盖国内 32 个省（自治区、直辖市）和港澳地区、国际 160 余个国家和地区，为国家渔业科技信息资源实现最大化共享利用提供了有力保障。渔业专业知识服务系统提供的定题报告服务近年持续获得院士肯定，该系统累计服务中国工程院多位院士及多个重大项目课题组，有力支撑了院士为国家制定渔业发展战略、政府作出管理决策建言献策。

4.3.9　黄河流域生态保护与高质量发展专题知识服务

1．简介

黄河流域是我国重要的生态屏障和重要的经济地带，在我国经济社会发展和生态安全方面具有十分重要的地位。2019 年 9 月，习近平总书记在黄河流域生态保护和高质量发展座谈会上明确要求，要着力加强生态保护治理，保障黄河长治久安，促进全流域高质量发展，让黄河成为造福人民的幸福河。保护黄河是事关中华民族伟大复兴和永续发展的千秋大计。中国工程科技知识中心地理资源与生态专业知识服务系统面向国家赋予黄河流域的历史使命，基于全局性、系统性和联动性原则，聚焦生态安全、生态社会经济协调及其可持续发展等重点问题，联合开展黄河流域"三生"（生态—生产—生活）协同发展研究，建立了黄河流域生态保护与高质量发展专题库，开发了在线专题可视化系统，对促进黄河流域生态保护与高质量发展国家发展战略实施、保障黄河长治久安提供全方位科技支撑具有重要意义。同时，针对黄河流域生态保护高质量发展，构建了"黄河流域生态保护与高质量发展"跨领域知识应用，形成了"领域—学科—要素—区域"多层次的数据资源体系黄河流域生态保护与高质量发展专题数据集，整合汇聚了黄河流域生态保护与高质量发展专题数据集 3884 个，编写完成《黄河流域生态保护与高质量发展专题数据目录（第二版）》。

2．特色功能

1）可视化展示与分析

地理资源与生态专业知识服务系统根据元数据标准及数据组织规范，整合了与黄河流域相关的地理、资源、生态、气象、环境及水利等领域数据资源，建立了一套完整的专题数据库，通过知识应用的开发，展示黄河流域全流域、全时域、全要素的生态环境时空演变，为黄河流域生态保护和高质量发展提供有效的数据支持和知识服务。同时，其提供一站式数据下载服务，无论专题库的数据实体在哪个中心，都可以通过数据服务 API，为用户提供数据下载服务。

地理资源与生态专业知识服务系统通过 Web GIS 可视化技术，发布基础地理、人地系统及生态保护等相关专题地图，整合覆盖地球系统、农业科学、林业和草原、气象科学领域的黄河流域数据资源，直观展示黄河流域多时空、多尺度地理资源生态要素的时空分布（见图 4-16），为改善黄河流域生态环境，促进全流域高质量发展，开展黄河流域气候及生态环境修复与保护提供科学数据支撑。

图 4-16　黄河流域生态保护与高质量发展专题知识服务

2）创新服务模式

地理资源与生态专业知识服务系统面向黄河流域科研项目，开展地球系统科学领域的数据共享服务、知识挖掘服务与应用创新服务，开拓性探索"数智化"的地球系统科学领域知识服务新模式：①结合项目需求，研发定制基础地理、环境保护、水文水利等领域数据资源，提供数据共享服务；②梳理黄河流域动态信息、政策导向、全球流域治理动态、国际经验等，利用情报分析工具，深度挖掘信息中的知识价值；③联合黄河流域知识应用模块，为项目提供在线分析服务，形成"线上+线下""数据+知识+应用"的综合知识服务体系。

3．服务成效

"黄河流域生态保护与高质量发展"跨领域知识应用集成海量多源异构的地理科学、林业科学、农业科学、气象气候、环境科学、生态科学、水文水资源、地质科学等数据，实现黄河流域多源异构数据的时空序列动态展示，为进行黄河流域气候及生态环境修复与保护提供科学数据支撑。2021 年度，"黄河流域生态保护与高质量发展"跨领域知识应用访问量为 137 万次，同时，黄河流域生态保护与高质量发展专题库服务国家重大专项、国家自然科学基金、省部级等 12 项科研项目，结合生态承载力研究、人地系统耦合机理等项目实际研究需求，为项目组开展数据加工生产、数据定制、主动追踪、主动推送等综合性服务，其中为项目组提供了基础地理、社会经济、水文水资源等 88 条科学数据，数据量约 2.7 GB。

4.3.10 "一带一路"专题知识服务

1. 简介

"一带一路"专题知识服务是中国工程科技知识中心面向国家"一带一路"倡议打造的特色服务，是"一带一路"工程科技数据的汇聚中心，也是"一带一路"工程投资指数的发布中心。该专题以"一带一路"工程投资指数为核心，以"一带一路"数据为抓手，以沿线国家和重点产业为两翼，以学术研究和情报资讯为重要补充，充分呈现"一带一路"投资潜力及合作进展，为国家发展战略提供决策支持，为投资合作企业提供工程科技领域的信息服务和知识服务，推动相关研究发展。

"一带一路"专题已建成工程投资指数、行业投资指数、重点产业、沿线国家、数据中心五大产品模块，建设了"一带一路"沿线 66 个国家（地区）的工程投资便利度指数、工程投资潜力指数、工程投资法治指数、化工投资指数（见图 4-17）；

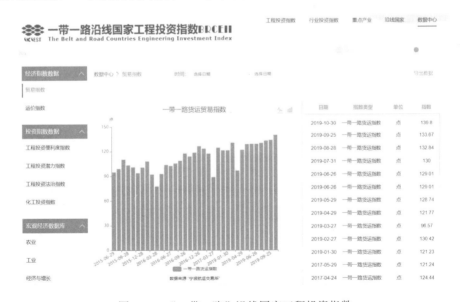

图 4-17　"一带一路"沿线国家工程投资指数

打造了农业、气象、林业、渔业、地理 5 个重点产业专题；着力搭建了"一带一路"数据中心，建设完成经济指数数据库、投资指数数据库、宏观经济数据库、社会发展数据库四大数据库，集成了不同呈现维度的 200 个数据集、20 类应用，累计梳理"一带一路"相关数据 21 万条。

2. 特色功能

1）工程投资指数

"一带一路"沿线国家工程投资指数首页以指数地图的形式宏观呈现三大指数的地图分布情况，以不同的颜色可视化呈现"一带一路"沿线国家（地区）的指数情况。通过技术手段实现地图拖拽、放大、缩小，以及数据详情的展示，点击地图上国家模块或者指标名称可以链接到数据详情页。进入具体指数页面，还可以查看不同国家（地区）、不同指数的具体指标数值及排名、比对情况。

2）数据中心

数据中心共建设经济指数数据库、投资指数数据库、宏观经济数据库、社会发展数据库四大数据库，提供了包含贸易指数、运价指数、工程投资便利度指数、工程投资潜力指数、工程投资法制指数、化工行业投资指数、农业、工业、经济与增长、价格指数、对外部门、金融部门、教育、人口与就业、科研与国防、基础设施等 10 余种"一带一路"投资相关数据指标，数据来源于权威数据库及专业发布平台。数据中心提供数据查询及筛选、数据可视化呈现、数据导出等功能。

3）重点产业

中国工程科技知识中心联合分中心基于"一带一路"产品定位，共同打造了农业、气象、林业、渔业、地理 5 个重点产业的"一带一路"专题服务，汇聚了各产业领域的"一带一路"相关资讯、行业报告、行业专家、中外文期刊、国内外项目、专利、科研成果、统计数据、沿线植被情况、沿线气候情况、沿线地理环境、趋势分析等内容，可为"一带一路"沿线国家（地区）相关研究提供数据资源支撑。

4）沿线国家（地区）

沿线国家（地区）模块提供"一带一路"沿线 66 个国家（地区）的基本介绍，主要包括国家政治经济文化概要、信用评级、经济发展、物流成本、工程投资指数、行业投资指数等信息，为国家发展战略决策的制定提供支撑，为投资合作企业进行投资、投产提供重要参考。

3．服务成效

"一带一路"专题知识服务产品致力于服务国家"一带一路"倡议，助力政府做好"一带一路"相关政策的制定；致力于服务"一带一路"沿线国家（地区）经济发展、投资研究的科研人员，提供科研数据支撑；致力于为"一带一路"沿线国家（地区）工程投资建设的企业，提供投资参考、决断的数据支撑。中国工程科技知识中心联合分中心根据沿线国家（地区）工程投资指标数据情况，完成了《2019年"一带一路"工程投资指数研究报告》，获得多位院士等行业专家的认可，并在首届国有经济研究峰会上荣获 2019 年度国资国企十佳优秀课题成果；同时，完成了《2020 年"一带一路"沿线国家工程投资指数报告》《2021 年"一带一路"沿线国家工程投资指数报告》的撰写；此外，基于"一带一路"沿线国家工程投资指数中的化工投资指数，发布了《中国—东盟石油和化工投资环境蓝皮书（2021）》。

4.4 小结

近年来，受大数据、云计算、人工智能等新兴技术的发展和应用推动政策的影响，以密集型数据支撑的科研第四范式促使科技资源共享方式发生变革，我国科技信息服务工作进入大数据智能驱动的创新发展阶段，各类科学数据共享平台、科技文献共享平台、成果转化公共服务平台、网络科技环境平台等的建设趋于数据化、智能化和平台化。当前，我国工程科技大数据智能知识服务呈现如下特征。

1．工程科技大数据基础设施建设基本满足需求

在国家科技发展政策及战略规划的重视下，我国已形成国家、部委、地方、机构等多方位较完善的科技信息服务体系，工程科技大数据基础设施和基础条件建设已基本满足需求。在科技论文、学位论文、会议论文、专利等文献资源大数据建设方面，我国已建成以中国知网（CNKI）、万方数据知识服务平台、维普网等为代表的中外文文献数据库，其中中国知网期刊数据可回溯至 1915 年，累计收录中文学术期刊 8580 余种、全文文献 5950 余万篇；在外文文献保障方面，国家

科技图书文献中心（NSTL）与中国高等教育文献保障系统（CALIS）已形成全国性科技文献信息资源共建共享体系；在科技资源共享方面，已形成 20 个国家科学数据中心和 30 个国家生物种质与实验材料资源库，面向社会提供高质量服务。此外，还建设有国家科技报告服务系统、国家标准全文公开系统、科技年鉴数据库、专利数据库等，可基本满足社会需求。

2. 传统信息服务向知识服务转型升级

在科技信息资源基本得到保障的基础上，传统的信息服务已不能满足用户需求。伴随数据密集型科研范式的变革和科研创新驱动发展的需求，信息服务机构在向用户提供知识结果的同时，还要向用户提供产生该结果的原始数据和中间整合数据，即提供数据服务和知识服务。传统的文献信息服务转向知识服务，要求提供从数据到知识的全流程可溯源动态服务，以提高科研和决策效率。

3. 新兴技术助推科技大数据智能知识服务蓬勃发展

随着大数据、云计算、人工智能等新兴技术的加速发展和渗透应用，其在数据治理、挖掘计算和分析预测等方面的优势得到社会各界的广泛关注和共识。如上文所述，我国已在相关领域进行战略布局并发布了行动纲要等，数据智能驱动的知识服务正全面推进并蓬勃发展。机器学习、强化学习、类脑学习、自然语言处理等人工智能技术为大数据的有效挖掘分析提供了有效的手段和途径。科研数据从产生、汇集到存储、处理再到转变为知识服务成为一个流动且完整的循环，每个环节都可能创造更多价值，各领域对数据的挖掘和分析日益深入。

伴随科研范式的变革、开放科学的发展和信息化的加速，我国科技信息服务模式也发生了较大的变化，服务方式已从传统的信息收集人工密集型机构服务转向挖掘分析计算密集型平台化服务，服务内容正从传统的文献资源信息服务向数字化、智能化综合知识服务模式演变。面对科研创新主体的需求，未来服务模式将从科技资源知识服务向问题的具体解决方案服务演变。

参 考 文 献

[1] 周晓英，陈燕方，张璐. 中国科技情报事业发展历程与发展规律研究[J]. 科技情报研究，2019，1（1）：13-28.

第 5 章　总结与展望

大数据智能的方兴未艾，为知识服务发展带来了更多新的机遇。相较传统服务模式，大数据智能在服务场景的理解上具有更大的优势，真正实现了既在"用"技术，也在"造"技术，使基于大数据智能的知识服务成为这一领域的风口浪尖，推动了以"智能与服务有效融合"为典型特征的知识服务模式变革。在这一过程中，互联网、大数据等新兴技术不断推动传统的知识服务模式向融合化、动态化、网络化、数字化及社会化的服务形式转变。为此，在本章中，在系统总结国内外工程科技大数据智能知识服务发展现状的基础上，以梳理工程科技大数据智能环境下知识服务发展的机遇为起点，阐述了当前基于工程科技大数据智能的知识服务所面临的挑战，并以未来支撑国家科技创新需求为总体目标，展望了基于工程科技大数据智能的知识服务发展的趋势，以期从一个宏观的视角对未来工程科技大数据智能知识服务领域的整体态势进行全面展示。

5.1　总结

随着社会信息化程度的提高和世界一体化趋势的日趋明显，不同国家指导工程科技大数据智能知识服务发展的政策及导向也呈现不同的趋势，信息技术的发展也对工程科技大数据的应用产生较大影响。前述章节已经分别对国际、国内工程科技大数据知识服务的发展现状及应用进行了阐述，本章从整体角度出发，基于文献计量分析与发展现状调研分析的结果，对国内外工程科技大数据智能知识服务发展现状进行总结。

5.1.1　战略政策助推工程科技大数据智能知识服务蓬勃发展

文献计量分析和国内外发展现状调研分析表明，随着大数据、人工智能、数字化等战略规划的发布，工程科技大数据智能知识服务引来新的浪潮，进入大数据智能驱动的快速发展阶段，它突破了传统信息服务模式的限制，提升了知识服务行业服务水平和资源丰富度，同时提高了服务的精准度和效率。2012 年，美国联邦政府首次推出《大数据研究和发展倡议》《大数据研究和发展计划》，指出国家大数据战略"通过收集、处理庞大而复杂的数据信息，从中获得知识和洞见，提升能力，加快科学、工程领域的创新步伐"，成为率先将大数据从商业概念上升至国家发展战略的国家；此后，英国、法国、日本、中国等先后出台相关战略规划。2016 年，美国发布《为人工智能的未来做好准备》和《国家人工智能研发战略规划》，之后，日本、英国、法国等国家也将人工智能作为国家发展战略技术，并开展研究和落地应用。2020 年，美国掀起数字化战略浪潮，将通信及网络技术、数据科学及存储、区块链技术、人机交互等列为关键技术和新兴技术，力争做全球技术领导者。

在大数据、人工智能、数字化等战略的推动下，相关技术研究和应用在工程科技知识服务领域快速渗透，工程科技领域大数据智能知识服务研究发文量和专利申请量直线上升，推动工程科技大数据智能知识服务进入快速蓬勃发展阶段，充分体现了战略政策对行业发展的引领和指导作用。

5.1.2　智能大数据分析是工程科技智能知识服务体系的支撑点

随着数字化社会的加速创新和应用，科学研究步入数据密集型第四范式，工程科技数据不仅在体量上呈现爆发式增长，同时也正成为重组全球要素资源、重塑全球经济结构、改变国家竞争格局的关键力量。如何运用大数据智能更好地分析和挖掘数据，为数据赋能和提升数据价值是摆在知识服务机构面前的重要课题。当前，大数据、云计算、人工智能等技术已无处不在，其研究在工程科技领域快速扩展并得到广泛应用。大数据时代，将人工智能强大的计算和处理能力运用到海量数据分析中，是国内外支撑工程科技大数据智能知识服务体系的关键。其中，大数据分析技术、自然语言处理、机器学习等受到国内外广泛关注，助力工程科技大数据治理、知识图谱、知识挖掘计算、智能检索、智能问答、智能推荐等知识服务体系不断创新和完善。

5.1.3　跨领域综合性知识服务是彰显工程科技知识价值的主要途径

面对复杂多变的社会环境和问题，用户对知识的需求尤为迫切。如何利用数据为用户赋能，已成为知识服务组织和机构的宗旨。对国内外典型工程科技知识服务项目和平台的调研分析表明，以期刊论文、科技成果、专利数据、科研项目、科技报告、新闻资讯等多类型数据融合和关联性分析为主的综合性服务已成为知识服务的主流，主要体现为数据资源广、种类多，且资源内容丰富。例如，美国能源部科技信息办公室科技大数据门户 OSTI.GOV、欧盟 FIZ Karlsruhe、英国 JISC、日本科学技术振兴机构研发的 J-GLOBAL 及中国工程科技知识中心等知识服务平台，整合汇聚了各类数据资源，实现了跨平台、跨领域的互联互通；同时，这些平台基于用户需求，运用算法、模型、可视化工具等开发了多种知识服务工具，促使提供的服务更加专业化和智能化，充分彰显了工程科技知识的价值。

5.2　机遇与挑战

在信息技术与大数据智能不断推进的背景下，技术与服务的需求要求知识服务应当充分适应数据智能所带来的各项变化，升级优化自身服务定位，由传统的知识和服务提供，向信息与数据分析服务转型，打造数据服务基础设施和知识发现推理新模式，赋能大数据背景下知识服务智能化变革。在这一过程中，大数据智能技术与服务的颠覆性变革，在引发知识服务巨大挑战的同时，也带来了众多机遇，推动了新时期知识服务融合大数据智能的跨越式发展。

5.2.1　发展机遇

大数据智能的出现与发展改善了知识服务模式与技术，使得面向应用需求的实时满足的优质服务方案有了实现的可能。在具体服务实践中，工程科技领域的大数据智能为知识服务发展所提供的发展机遇主要体现在以下几个方面。

1. 拓展了工程科技知识发现的边界

大数据智能的提出与发展标志着一种知识发现的新模式的产生，特别是在工程科技大数据领域，这种方式以数据为中心，将"数据用于计算"的传统思维模式转换为"计算用于数据"这一适应数据密集型知识发现的思维形式，大大拓宽了知识发掘者的视野，使得研究者可以通过对工程科技大数据的分析与挖掘来获取传统方法所不能发现的知识、规律和模式，从而为知识发现开辟了新的途径，扩展了知识发现的边界[1]。从这个意义上来说，在工程科技领域中，大数据智能对于知识发现边界的扩展和重定义的实质在于其与人类智慧的不一致性，具备神秘性与复杂性，这意味着基于大数据智能的知识发现越来越不依赖于人类的先验性知识，相关发现路径甚至可能不被人类所理解，但其可能会从另一条蹊径出发，更高效、更便捷地发现知识，从而推动知识获取的逻辑发生颠覆性的变革，这也是知识服务在大数据智能特别是工程科技大数据智能背景下发展所体现的潜力之一。

2. 推动新型工程科技领域人机共生服务生态的构建

未来工程科技大数据智能的发展和应用很可能会成为工程科技领域知识服务全生命周期中无处不在的"发动机"，而这一目标的实现离不开计算机与知识服务人员的合作。这意味着，未来知识服务过程将是服务人员承担算法和设计等创造性工作，计算机承担一般性和重复性的工作，二者相互协作，实现从设计服务方法、分析服务结构、更新知识数据库，到优化目标、设计新服务模式，完成整个知识服务升级流程的闭环，构建协同合作的服务生态。从这个意义上来说，这种人机共生服务生态将会产生一种新型的知识服务模式，这种模式更加强调以数据为中心，侧重于人、机器与数据之间的交互，旨在强化知识供给与服务决策机制和数据分析的融合，体现大数据智能与服务模式的有机关联。由此可见，这种人机共生的服务生态构建意味着大数据智能在工程科技领域带给知识服务发展的机遇不仅仅在于更好地满足用户知识需求，更是对知识和服务领域更深层次的探索与实现。

3. 深化了面向工程科技的知识服务应用场景

随着个性化服务技术的不断发展，基于大数据智能的服务方法已成为新时期工程科技领域知识服务不可缺少的工具，极大地影响和改变了传统知识服务模式，深化了服务应用场景，这也成为大数据智能下知识服务发展的重大机遇之一[2]。具体而言，大数据智能在其中所发挥的最为显著的作用在于应用用户数据精准刻画，进而帮助知识服务机构实现精准服务等目的，由此可以预期，随着物联网、人工智能、数字孪生、图像识别等新兴技术的发展，知识服务用户数据的积累程度会不断提升，精细化洞察知识服务用户偏好和需求的基础条件会更加成熟，基于大数据智能的知识服务势必会更加深入地整合异构、多源和多场景的数据资源，通过深入的数据挖掘和分析，提供更加精准且具备解释能力的用户刻画与分析结果，强化知识服务人员对用户的深层次理解，从而实现服务品质提升、服务应用场景拓展的智能知识服务发展目标。

5.2.2　面临的挑战

大数据智能在推动知识服务转型升级的同时，也为知识服务的发展提出了更高的要求。特别是在工程科技领域，受地缘政治、知识产权、技术壁垒及行业分割等影响，使得基于工程科技大数据智能的知识服务发展面临一系列问题和挑战，具体表现在以下几个方面。

1. 面向泛在服务升级的挑战

在人类科学研究已步入数据密集型时代的今天，大数据环境下的科技信息呈爆发式增长，科研人员迫切需要准确、方便地发现和获取科技信息，这就对精细化、智能化的知识服务提出了更高的要求。传统的知识服务方式和服务能力已难以适应科技创新、科研管理、科学研究深刻变革的需要，特别是在工程科技研究领域，由于其数据资源只有与其他领域数据、仪器设备等交互补充，才能使科学研究资源更加完整，基于数据资源所提供的智能知识服务也能够更好地支持科研人员的科技创新活动，因此，这种泛在的需求尤为迫切。近年来，国外各数据服务机构积极介入网络化的终端用户服务，纷纷抢占知识服务机构传统的服务领域。我国知识服务机构也在开展面向数据智能化的服务转型与升级，但与国外服务系统相比在知识加工深度、技术成熟度、新技术应用、服务形式、服务内容、服务方式等方面还存在差距：国外大多数科技数字出版商、信息公司都在积极推出针对内容对象的智能检索、关联揭示、数据挖掘与数据分析等服务，如谷歌（Google）

推出的基于知识图谱的智能检索服务，ALLEN 人工智能研究所推出的基于 AI 的语义搜索和文献关联发现，爱思唯尔（Elsevier）推出的 Scopus 服务和 Thomson Reuters 推出的 Web of Knowledge 服务等[3]。这些服务的开展明显地反映出这些机构正在积极布局面向大数据智能的知识服务的经营策略，且其通过增强科技数据资源垄断能力、拓展与提升用户需求服务适应能力、抢占数据分析与处理主导地位等手段，实现对基于大数据智能的知识服务领域全面控制的战略意图显而易见。面对这一挑战，我国基于工程科技大数据开发利用的知识服务泛在升级并不充分，服务能力在数据、资金、设备、人力等方面难以满足科技创新需求，系统建设状况面临严峻的挑战。

2. 面向核心技术研发的挑战

工程科技大数据价值的充分释放离不开有效的挖掘分析工具和创新平台的支撑，而当前我国使用的相当数量的数据分析与知识服务产品，如 SciVal、InCites、ESI、CiteSpace 和 VOSviewer 等均为国外研发和垄断[4]，而国内的工程科技数据服务平台与其他国家级创新平台多数各自建设，资源与服务融合技术还处于起步阶段，集成应用能力还未充分形成，从而造成事实上对国外工具和平台的技术及信息依赖。一旦这些国外工具和平台不能访问，可能对我国知识服务和科研活动造成重大影响。此外，国外相关机构还有可能通过收集我国科研人员访问国外科技数据资源的日志信息开展关联分析，进而掌握我国的科研动态和研究方向，甚至挖掘、分析出涉及国家发展战略机密的科技创新战略布局，存在明显的漏洞和风险。此外，我国科技数据服务平台与其他数据平台依然处于各自建设阶段，缺乏相互融合关联的核心技术和互通共享的机制，严重制约了大数据智能的充分发挥。由此可见，在工程科技研究领域，这种核心工具与集成平台技术研发滞后，原创高端产品供给不足的问题，严重制约知识服务质量、层次和研发秘密保护，亟须解决，以保障智能知识服务对科研创新能力的全面支撑。

3. 面向国家科技安全保障的挑战

随着工程科技数据资源数字化程度的不断提升，数据资源的使用从资产购置转变为服务许可购置，这意味着所购得的仅是"使用权"而非"拥有权"，因此，数字信息资源的国家拥有和保存成为现实问题。目前，外文科技数据资源市场基本被国外服务商所垄断，存在科技数据资源缺乏持久保障的风险，国家保障的重要性将更突出。实际上，通过互联网对国外数字文献资源进行在线访问，资源存放在国外，一旦发生自然灾害、战争或国际纷争等不可抗力事件，我国外文科技数据资源访问和使用将遭到重大损失，甚至归于空白，而避免这种风险所必需的稳定可靠的国家科技数据战略资源保障体系还未充分建立。

4. 面向融入全球科技协作体系的挑战

当前，我国所面临的国际环境日益复杂，商业纠纷、地缘政治、国际制裁甚至战争等风险不断增加，国外对我国工程科技领域的数据资源封锁也日趋加强。例如，美国宇航局、国防部、商务部、能源部的科技报告（简称"美国四大报告"）等重要数据资源已经先后不再向我国销售，欧洲空天公司报告等也明显加强了订购审查范围[5]，无法购买到这些重要的国外工程科技数据资源，导致我国工程科技信息资源的全面保障面临新的挑战。同时，与国内交流较为密切的外文工程科技数据资源及服务系统均部署于国外，缺乏国内存储和长期保存，随时存在不确定因素导致的终端访问的风险，我国工程科技数据资源国际交流的持续可用性和战略保障性堪忧。

5.3　发展趋势

基于数据智能的知识服务保障能力建设，是一项长期性、基础性战略举措，将为我国科技创新发展提供持续、坚实的基础科研条件支撑，功在当代，利在千秋。全球科技创新竞争加剧、创新投入持续增多，科技创新范式和科研活动方式都发生巨大变化，这使得智能知识服务保障的内涵更加丰富，基础数据条件保障功能也需要换档升级。围绕未来支撑国家科技创新需求与总体目标，工程科技领域数据智能与知识服务预期将呈现出以下几个发展方向。

5.3.1　科技资源的深度融合与共享有望成为知识服务升级的新动能

大数据和开放科学开启了科学研究的新时代，在开放科学的推进过程中，建立和完善包括网络和计算资源、科学数据、工具等在内的资源融合共享是科技创新的当务之急。在面向大数据智能的知识服务领域，扩展工程科技资源融合共享的深度与广度，不仅有利于消除数据孤岛，增强智能知识服务能力，打破区域和行业间的数据和信息藩篱，还有利于增进学术交流，拓展知识服务范围，让更多的人参与到科研过程中，形成共同攻克难关的开放科学生态体系。事实上，国外学术出版商、联盟机构等已经开始进行合作，共同推出不同科研对象之间互连的标准和框架（如 Scholix 学术出版物与科研数据之间的链接标准、框架和机制）来促进科技资源的融合与共享，并致力于推动各项工程技术和数据的深度融合发展来为科研工作和科研人员提供解决方案和服务[4]。欧盟的 OpenAIRE 项目的目标是构建支撑欧盟开放科学的基础设施，促进科学研究的开放性和科学成果的易用性[6]。OpenAIRE 通过对文献、科学数据、软件、工作流/门户、实验及教育资源等全类型资源进行聚合关联，为科研全过程提供基础及附加服务[7]。为此，预期未来工程科技资源的融合与共享将会进一步面向国家发展战略需求，持续优化工程科技领域资源建设生态，跨领域、多来源、多类型工程科技资源的持续汇聚和常态化更新将加快推进，资源规模、数据质量和重要智库成果的建设力度将持续增强，面向知识资源的可发现、可关联、可挖掘、可分析的体系生态将逐步完善，从而推动工程科技数字资源长期保存和可持续利用，形成具有自主安全的国家工程科技数字知识基础底座，赋能工程科技大数据智能知识服务深度发展。

5.3.2 智能化工具与模型将成为突破知识服务技术瓶颈的新方法

面向前沿技术的智能化工具与模型是工程科技大数据智能知识服务转型升级的重要依托。在实践中，智能化核心技术壁垒是我国知识服务受制于国外的主要原因。为此，预期未来在该领域的相关研究将进一步聚焦知识发现、智慧决策等关键需求，瞄准知识工程技术前沿，推动智能化技术的深入研究及工程化应用，大幅提升技术平台智能化水平。突破跨媒体、跨语言数据融合技术、语义相似的文本段落检索技术壁垒，以硬核技术激活各领域科研沉淀数据，打通内部封闭数据，关联零散无序数据，实现工程科技大数据深入挖掘、多源异构数据融会贯通、跨领域知识横向关联。此外，稠密段落检索技术、跨语言预训练模型技术研发力度预期将会持续强化，实现从丰富资源语言到低资源语言的知识迁移和理解能力的革命性变革，从而突破新一代语义知识发现服务关键技术，即围绕数据密集型、开放式、协作式科研范式下用户共性需求，开展新一代知识发现内涵演变机理与场景、知识发现服务技术体系与实现路径等方面的研究，通过集成应用人工智能、大数据、云计算等技术，突破多因子混合智能排序、知识图谱驱动的意图识别、深度推理与智能问答、基于用户增强画像的精准推荐与个性服务、科技文献与科学数据关联集成、图书馆智能机器人等关键技术，实现核心技术与相关产品的突破和自给，推动智能知识服务的转型与升级，支撑国家及各级科研机构进行科研方向研判和战略布局。

5.3.3　跨领域知识图谱库研建将成为知识组织与应用的新焦点

在未来大数据与物联网时代，知识图谱将所有的数据、人、物及科学流程连接在一起，其中的工程科技数据从产生、汇集到存储、处理再到转变为知识发现，会成为一个流动且完整的循环，每个环节都可能发酵并创造更多价值，其所引发的知识服务模式与方法也必将随之发生改变[8]。从这个意义上来说，覆盖广泛的工程科技知识图谱将迫使新型智能知识服务模式与方法加速向更高量级发展，推动大数据智能与知识服务成为一个统一的生态系统，与大数据价值发掘与技术研究的整个生命周期共融，将服务与数据汇聚在一起，为知识服务的转型升级提供支持。为此，预期未来工程科技知识图谱加工工具将会持续优化，各类资源知识标准化、文本分析、语义分析、知识关联和深度挖掘力度将进一步增强，专业领域与跨领域的各类知识图谱将会持续涌现，最终建成一个能够覆盖工程科技各领域及国家科技发展重点交叉领域的大型知识图谱，从而推动知识服务在垂直领域及学科交叉领域的转型与升级。

5.3.4　融合与开放的国家高端学术交流平台建设将引领智能知识服务新机遇

《中共中央关于制定国民经济和社会发展第十四个五年规划和二〇三五年远景目标的建议》明确提出"构建国家科研论文和信息高端交流平台"的重要任务，国家科研论文和信息高端交流平台建设充分表达了国家在科技强国战略推进下对知识服务的需求，同时也对知识服务未来数字化、智能化的发展提出了更高的要求。在此背景下，建设集融合与开放于一体的国家高端学术交流平台，是"十四五"乃至 2035 年远景目标中智能知识服务体系建设的重要举措，具有极其重大的意义。就实践的角度而言，面向大数据智能的知识服务发展的一个关键方面是确保数据和服务之间的融合与互动。这一方面要求基于交流性和平台化的理念统一描述数据、资产和服务，另一方面要求在描述模式和形式化之间进行细致的映射，以便在不违反连接和协作原则的情况下实现统一化管理。从这个意义上来说，国家层面上的标准化、语义丰富和关联信息强大的学术交流平台将允许先进服务的设计和实现，用于转换和组合来自不同学科的数据和方法，为跨学科、跨地域的发展打下基础。放眼全球，以欧洲开放科学云为代表的新一代数据服务平台建设高度重视互操作性和标准化，积极采取开放、开源的模式，有力地推动了全球合作与跨学科协作。由此可见，以融合和开放为主要特征的国家高端学术交流平台的建设和应用将必然引领、推动未来知识服务的发展。为此，未来智能知识服务的发展将基于已有数据、成果、工具，面向科研创新全流程加快推进知识服务体系，构建国家层面上的高端学术交流平台，连接研究、监测、感知、响应、服务等各类学术与信息交流活动，支撑和强化知识服务能力建设，以不同知识内容、不同用户、不同应用场景为切入点，突出重点，优化功能，规划设计知识产品形式和运营模式，实现数据资源的深度挖掘与揭示，形成支撑科技强国发展的开放、融合、互通的学术交流体系。

5.3.5　运营能力与影响力的提升彰显知识服务机构的新价值

在数据与知识服务的各个环节中，不断强化的智能化运营与服务能够使相关主体自由地查找、访问、重用和组合数字对象，包括数据集、工作流、软件等，从而极大地提升知识服务体验与服务效果。大数据智能的发展和应用推动了知识服务机构的运营模式与服务方法加速向更高量级发展，并形成知识服务机构运营能力和影响力相互促进发展的生态系统，促使知识服务进一步与大数据价值发掘及技术研究的整个生命周期共融，真正地将服务与数据汇聚在一起，有效支撑了知识服务机构的转型升级，并催生出更多且更具有价值的服务模式和方法。在此认知的基础上，预期未来面向工程科技大数据智能的知识服务机构发展原则将会以用户为核心，以特色产品和数据资源为抓手，面向工程科技领域全行业提供个性化解决方案，深入开展多类型线上知识应用的推广服务，并借助工程科技领域的高端学术交流平台，强化服务支撑能力，形成服务地方决策和产业发展的新模式，推动国家科技创新体系建设，实现工程科技大数据智能知识服务机构运营能力和影响力的显著提升，深度赋能机构服务价值的自我实现与扩展。这也是未来包括中国工程科技知识中心在内的国内外知识服务机构业务发展和服务升级的重要方向之一。

参 考 文 献

[1] 钟蕾. 出版社知识服务研究的演进、热点与展望[J]. 新媒体研究，2020，6（17）：114-117.

[2] 姜喆. 从知识付费到轻教育赛场——音频类知识服务产品发展趋势浅析[J]. 出版广角，2018（24）：10-13.

[3] 孙天翔. "互联网+"环境下知识服务发展趋势研究[J]. 河南财政税务高等专科学校学报，2018，32（5）：41-43.

[4] 刘长明. 传统出版业知识服务转型的分析和展望[J]. 中国传媒科技，2018（8）：16-17.

[5] 刘丹，袁世亮. 知识服务浪潮下出版业的发展机遇与趋势[J]. 出版广角，2018（14）：38-40.

[6] 丛挺，史矛. 我国数字内容产业知识服务发展现状及趋势探析[J]. 浙江传媒学院学报，2018，25（2）：77-81.

[7] 刘浩钰. 知识服务型智能机器人的发展趋势[J]. 设备管理与维修，2017（17）：6-7.

[8] 朱莉芝，夏德元. 从词条释义到个性化知识服务——辞书数字化发展趋势探析[J]. 编辑学刊，2017（5）：22-27.

附录 A 文献检索策略

论文检索式：

TS=("Big data" OR "data mining" OR "massive data" OR "deep learning" OR "neural network" OR "computer vision" OR "natural language processing" OR "NLP" OR "feature selection" OR "random forest" OR "support vector machine" OR "SVM" OR "decision tree" OR "block chain" OR "genetic algorithm" OR "K-Nearest Neighbor" OR "naive Bayes" OR "artificial intelligence" OR "strong AI" OR "weak AI" OR "knowledge engineering" OR "fuzzy logic" OR "logic programming" OR "description logistics" OR "expert system*" OR "ontology engineering" OR "probabilistic reasoning" OR "machine learning" OR "graph neural network*" OR "reinforcement learning" OR "multi-task learning" OR "knowledge graph*" OR "evolutionary algorithm*" OR "unsupervised learning" OR "supervised learning" OR "self-supervised learning" OR "machine perception" OR "affective computing" OR "convolutional network*" OR "multi-layer neural network*" OR "deep structured learning" OR "deep Q-learning" OR "deep recurrent Q-learning" OR "deep network*" OR "convolutional generative adversarial network*" OR "belief network*" OR "Bayesian network*" OR "Bayes network*" OR "hierarchical temporal memory" OR "spiking neural P systems" OR "deep residual network*" OR "boltzmann machines" OR "deep generative model" OR "deep extreme learning" OR "representation learning" OR "deep feature learning" OR "generative adversarial network*" OR "multilayer perceptron" OR "generative adversarial network*" OR "long short-term memory" OR "deep recurrent network*" OR "echo state network*" OR "deep feedforward network*" OR "auto-encoder" OR "auto encoder" OR "instance-based learning" OR "latent representation*" OR "GoogLeNet" OR "hidden markov") AND TS=("knowledge service*" OR "knowledge manage*" OR "Knowledge-centered service" OR "knowledge-centered support" OR "knowledge industry*" OR "knowledge economy" OR "knowledge-focused manage*" OR "knowledge project*" OR "information service") AND WC=("Engineering, Aerospace" OR "Engineering, Biomedical" OR "Engineering, Chemical" OR "Engineering, Civil" OR "Engineering, Electrical & Electronic" OR "Engineering, Environmental" OR "Engineering, Geological" OR "Engineering, Industrial" OR "Engineering, Manufacturing" OR "Engineering, Marine" OR "Engineering, Mechanical" OR "Engineering, Multidisciplinary" OR "Engineering, Ocean" OR "Engineering, Petroleum")

专利文献检索式

TS=("Big data" OR "data mining" OR "massive data" OR "deep learning " OR " neural network " OR " computer vision " OR "natural language processing" OR "NLP" OR "feature selection" OR "random forest" OR "support vector machine" OR "SVM" OR "decision tree" OR "block chain" OR "genetic algorithm" OR "K-Nearest Neighbor" OR "naive Bayes" OR "artificial intelligence" OR "strong AI" OR "weak AI" OR "knowledge engineering" OR "fuzzy logic" OR "logic programming" OR "description logistics" OR "expert system*" OR "ontology engineering" OR "probabilistic reasoning" OR "machine learning" OR "graph neural network*" OR "reinforcement learning" OR "multi-task learning" OR "knowledge graph*" OR "evolutionary algorithm*" OR "unsupervised learning" OR "supervised learning" OR "self-supervised learning" OR "machine perception" OR "affective computing" OR "convolutional network*" OR "multi-layer neural network*" OR "deep structured learning" OR "deep Q-learning" OR "deep recurrent Q-learning" OR "deep network*" OR "convolutional generative adversarial network*" OR "belief network*" OR "Bayesian network*" OR "Bayes network*" OR "hierarchical temporal memory" OR "spiking neural P systems" OR "deep residual network*" OR "boltzmann machines" OR "deep generative model" OR "deep extreme learning" OR "representation learning" OR "deep feature learning" OR "generative adversarial network*" OR "multilayer perceptron" OR "generative adversarial network*" OR "long short-term memory" OR "deep recurrent network*" OR "echo state network*" OR "deep feedforward network*" OR "auto-encoder" OR "auto encoder" OR "instance-based learning" OR "latent representation*" OR "GoogLeNet" OR "hidden markov")

反侵权盗版声明

电子工业出版社依法对本作品享有专有出版权。任何未经权利人书面许可，复制、销售或通过信息网络传播本作品的行为；歪曲、篡改、剽窃本作品的行为，均违反《中华人民共和国著作权法》，其行为人应承担相应的民事责任和行政责任，构成犯罪的，将被依法追究刑事责任。

为了维护市场秩序，保护权利人的合法权益，我社将依法查处和打击侵权盗版的单位和个人。欢迎社会各界人士积极举报侵权盗版行为，本社将奖励举报有功人员，并保证举报人的信息不被泄露。

举报电话：（010）88254396；（010）88258888

传　　真：（010）88254397

E-mail：　dbqq@phei.com.cn

通信地址：北京市万寿路 173 信箱

　　　　　电子工业出版社总编办公室

邮　　编：100036